U0002370

給初學者的

財務金融通識課

世界一やさしい金融工学の本です

田渕直也 —— 著　童湘芸 —— 譯

序

應該有不少人一聽到財務工程就認為這是門既難懂且專門的特殊學問。

通常不論哪一門學問，只要有數學算式或電腦模擬模型分析出現，就會讓很多人因此退避三舍。

財務工程確實是門不簡單的學問，它是以諾貝爾物理學獎得主所著的艱澀論文為基礎發展而來。但如果因此而放棄更進一步瞭解這門學問的機會，我認為實在是非常可惜。**財務工程充其量只不過是個工具**。而且，我相信在未來還是個從事金融交易時所不可欠缺的工具。

因為**製造工具**和**使用工具**是完全不同層次的事物。這裡所說的工具是什麼意思呢？你看！大多數人無法自行設計汽車、而能完全理解電腦的基礎理論——電子學的人更是微乎其微。有趣的是，即使如此，世界上不知道汽車、電腦為何物的人又是極少數、學不會操作方法的人更是幾乎沒有。財務工程也是一樣的。

我認為唯有那些對於財務工程這項金融交易工具不排斥，而且運用自如的人才是日後的新型金融交易的舵手。對於未來，我認為未來不再是數碼鴻溝（Digital Divide，能否活用資訊科技的技術將決定資訊獲得的多寡）的時代，而是可說是衍生性金融商品鴻溝（Derivatives Divide，能否靈活運用衍生性金融商品將決定你是否能成為擔負新型金融交易的核心人物）的時代（衍生性金融商品是財務工程的一個重要學問）。

本書是由上述觀點出發，本著能讓您輕鬆理解財務工程的本質，並能不排斥地進一步學習的精神所撰寫。如果您是從正經八百的財務工程教科書入門，相信您或許會對其中難懂的算式感到困惑而無法掌握其真意、或者因為閱讀時遇到挫折而對此

學問有所排斥。

　　我卻認爲財務工程應該和車子、電腦一樣，是個可以輕鬆使用的工具。只要您能轉換心境，我想財務工程應該能像車子、電腦一樣，爲您開拓出一番新視野。

　　本書可以帶領您輕鬆踏出學習財務工程的第一步，同時也意味著邁向未來無限可能的第一步。您可以把此書當作工具書來使用，閱讀後，您若想要更詳細瞭解財務工程的理論，則可以閱讀更深入的專業書籍。我認爲只要依照個人需求選擇運用財務工程的方法即可。

　　接下來，就讓我爲您開啓財務工程的大門吧！

Contents

目錄

第 1 章 和菜菜子一起學 財務工程和衍生性金融商品

第2章 和菜菜子一起學 現金流量和交換契約交易

第3章 和菜菜子一起學 選擇權和隨機漫步理論,以及選擇權評價模型

第4章

和菜菜子一起學 風險管理全貌

第**1**章

和**菜菜子**一起學
財務工程和
衍生性金融商品

真是無聊——

妳出去走走不就好了嗎？

小優真是冷淡～

以前比現在可愛多了……

總是黏著我說菜菜子姊姊長、菜菜子姊姊短……

……

是嗎？可能是因為這是投資股票的遊戲吧！

投資股票!?

在網路上以假想的金錢交易就可以從事股票買賣的模擬遊戲啊！

哇　啊～

那會好玩嗎…？

嗯。

股價是用真實的數據，而且還有全國的排名呢……

哇一

還真是了不得的遊戲～

小優的爸爸是世界知名的股票交易家。

果然是虎父無犬子！

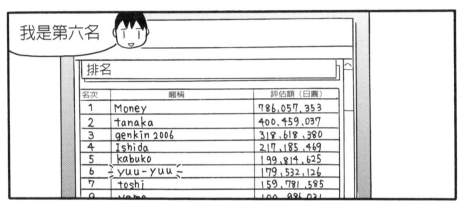

或許對你來說只是遊戲，但是如果用真正的錢來玩，那你不就賺很多了!?

菜菜子小姐，要不要錢啊？

看到了⋯⋯看到了。成堆的鈔票⋯⋯

嗯⋯

是啦！也可以這麼說啦！

我從小就覺得小優是天才，他果然不是普通人⋯⋯

跟他相比，我⋯⋯

⋯⋯？

雖然我決定到銀行上班，卻對股票一竅不通，

更別說金融業了!!

啊

哈哈哈

這種事不用說的這麼自信滿滿⋯⋯

啊啊～

這樣能在社會上混得下去嗎…

咚—

真是閒不下來

你大學不是有唸過財務工程或是金融學嗎？

我看起來像是文組的？不懂財務工程？對吧！

啊哈哈

要用一句話說明財務工程確實是很難…

是嗎？

沒錯！

為了解決金融的各種問題而統合了各個領域的學問，總稱為金融學或財務理論。

說不停

其中使用數學或統計學的方法來掌握金融交易的風險和價格的稱為**財務工程**。

喔

怎麼都想不通呢……
那是必要的嗎？

它或許屬於特殊的專門領域，但是
財務工程並不是只有一部份專家才
懂得的特殊學問喔！

嗯？

從妳要去上班的銀行到
各行各業都必須使用財
務工程進行風險管理。

哇…

再加上存款、房貸和投資
信託等，我們身邊的金融
商品也都以各種型態運用
了財務工程喔！

哇——

我、不知道的話可能會很慘……

……

但是

很難吧？

嗯，財務工程是由複雜的算式和電腦模擬模型所組成，

ㄎㄧㄤ

算是一門很難開始又容易令人退避三舍的學問吧！

果然……

錯愕

但是，

財務工程充其量不過是工具而已。

嗯？

普通人不會自己製造車子或電腦，但卻知道那是什麼，對吧？

car

PC

對耶！

熟用這些東西可以讓你獲得新的可能性，財務工程也是一樣！

原來如此～

哇！
小優真的很聰明耶～

姐姐真是嚇了一跳

我只是想要提升遊戲的排名，讀了很多爸爸的書，所以自然就背起來了。

噗噗噗

沒想到你這麼不服輸！

話說回來，
你連衍生性金融商品都不懂，為什麼要當銀行的行員……？

16

那，那是…

OBOT一

又沒關係！

啪 啪

衍生性金融商品？風險管理？
是什麼東西……！？

這樣也考得上喔……

沉思

我想是因為我
很可愛吧！？

……

……

小優你頭腦那麼好，為什麼國中
要去讀附近的公立學校呢？

對啊……

17

我還以為你會去國外留學呢。
為什麼要念公立學校？

有很多原因啦！！

原因很多喔

嗯…
那麼為什麼不嘗試實際的股票交易呢？

不是我沒有興趣，
而是我爸媽不同意。

喔！！
是喔！

那麼，
乾脆我的股票帳戶讓小優操作買賣，如何？

高招！

那我會變成沒有執照的投資顧問，實際上是不行的……

??

✏️ 什麼是風險？

那麼就馬上開始……

嗯嗯

先來說明最基本的「風險」

好——!!

「風險」這我還知道啦!!就是類似「危險的事」、「損失的事」對不對!?

風險 損失

在財務工程上含有更重要的意義唷!

那就是

「**無法預測**」的事

嗯？

也就是說…

「可能會發生危險」
（但是無法正確預測），

「可能會損失」
（但是無法正確預測）
的意思。

跟我說的有什
麼不同～！？

不是一樣嘛!!

因為無法預測，所以才跟利
益分不開！這也是重點。

因為處於不知道會賺錢還
是賠錢的狀態，這就稱為
「風險」。

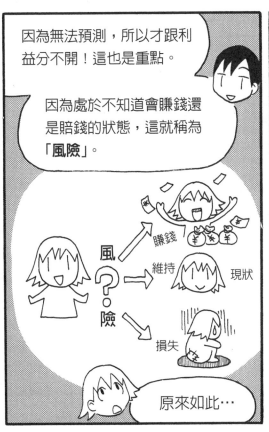

原來如此…

舉個簡單的例子
來看看！

好！好！

為什麼要拿碗？

21

假設有一家拉麵店只販賣熱騰騰的拉麵。

喔～～～！

夏天的時候，不管多熱總是會有人想吃熱騰騰的拉麵，

但是也有不少人會因為怕熱，拉麵吃了會更熱而拒絕不吃

太熱了！
我不要！

啊

的確是……

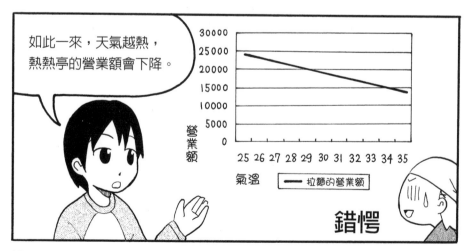

如此一來，天氣越熱，熱熱亭的營業額會下降。

30000
25000
20000
15000
10000
5000
0

25 26 27 28 29 30 31 32 33 34 35

氣溫 ——— 拉麵的營業額

營業額

錯愕

「如果氣溫上升則營業額減少」這種情形稱為風險。

那麼，相反的若是氣溫下降則營業額就有增加的可能性囉！

確定是大熱天！！

完全正確！

相反的，如果可以掌握未來的變化，則不能說是「風險」。

📝 規避風險

與其在這裡期待氣溫變化增加營業額，

不如優先想想如何不讓營業額減少。

嗯嗯！

要怎麼做呢？

為了避免「氣溫上升→收入減少」的風險，

只要先找到其他可以使「氣溫上升→收入增加」的方法就好。

氣溫上升則收入減少的拉麵。

氣溫上升則收入增加的東西為何？

原來如此！

這種手段就稱為「規避風險」。

規避風險啊……

那麼，

在天氣熱的時候賣涼麵不就好了嗎？

沒錯！！

但是，如果熱熱亭旁邊已經有家專門賣涼麵的「涼麵屋」，要怎麼辦？

涼麵店

你說什麼～！？

而且，

熱熱亭的老闆和涼麵屋的老闆是好朋友喔！

感情好

不能為了生意而吵架。

那就在遠一點的地方開店嘛……

小聲…

不、一定要想出對策來才行！

🖋 交換契約交易的登場

被你這麼一問……
要怎麼做才好……

嗯

那麼，

妳想一下涼麵屋的問題點。

25

夏天溫度高則涼麵會熱賣,但是涼夏氣溫昇不上來則營業額會減少。

天氣太冷,我不要吃……

涼

喔啊

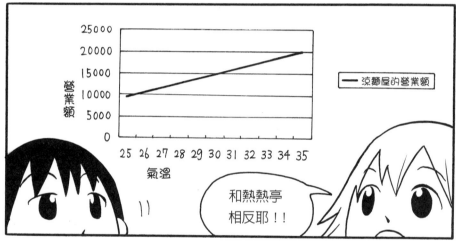

和熱熱亭相反耶!!

我們可以利用兩者的關係,如果氣溫上昇,就將錢從收入增加的「涼麵屋」交給收入減少的「熱熱亭」……

嗯

涼

熱

熱熱亭

涼麵

相反的，如果氣溫下降時，則將錢從收入增加的「熱熱屋」交給收入減少的「涼麵屋」。

他們可以在事前將金錢轉移的事以契約方式約定好，如何？

喔！

這樣的話，不管氣溫上昇或下降，「熱熱亭」和「涼麵屋」都可以有穩定的收入耶！

就是這麼一回事！！

這種手法就稱作「交換契約（SWAP）」，我們假設這個夏天的預測平均氣溫是30度，兩者就以此為基準進行交易。

氣溫每比30度低一度則需付1000日圓

氣溫每比30度高一度則需付1000日圓

熱熱亭和涼麵屋可以透過交換契約交易來規避風險。

氣溫比 30 度低時，每低一度熱熱亭就支付 1000 日圓給涼麵屋。

冷

氣溫比 30 度高時，每高一度涼麵屋就支付 1000 日圓給熱熱亭。

熱

沒錯！

接下來，我們將熱熱亭的某五個營業日的結果設定如下：

	第一天	第二天	第三天	第四天	第五天	合計	一天平均
氣溫	28	32	33	25	25		
營業額	21,000	17,000	16,000	24,000	24,000	102,000	20,400
交換契約	-2,000	2,000	3,000	-5,000	-5,000	-7,000	-1,400
總收入	19,000	19,000	19,000	19,000	19,000	95,000	19,000

如果不進行交換契約交易，熱熱亭應該能保有平均一天 20,400 日圓的營業額。

氣溫如果沒有像預期一樣上昇的話，營業額勉勉強強還算不錯呢！

但是因為事先約定好進行交換，所以熱熱亭平均每日必須支付 1,400 日圓、5 日總共 7,000 日圓給涼麵屋

辛苦賺來的錢啊

¥7,000

不行！
這樣不就賠錢了！

這就是風險，沒有辦法！

哼…

為了逃避可能損失的風險而將此部份的風險去除掉，獲利可能會因此減少，但這也是沒有辦法的事！！

可是，這樣看來交換契約交易不就沒有好處了嗎？

交換契約交易的好處是不需要在意無法預測的事，只要專心於作出好吃的拉麵即可。

秘傳的

湯汁

喔～原來如此！

就像這樣，

以「放棄利益的可能性」交換「迴避損失的可能性」，這是財務工程的基本概念喔！

我懂了！交易的結果不光只是在於賺錢還是賠錢，認真做好該做的事也是非常重要的。

一般人聽到財務工程通常會覺得很難，其實只要能夠理解每個名詞的意思就沒有問題了。

嗯！

講到拉麵就突然想要吃拉麵！姐姐請客！走！我們去吃拉麵！

啊…！？

揪

拉麵！！

何謂財務工程？

財務金融理論和財務工程

有關解決處理各種金融相關問題的理論，廣義稱之爲財務金融理論，其中包含有：

① 關於金融制度的問題和包含應有對策的**金融制度論**
② 專門就企業在調配資金時有哪些方式可選擇，要如何將這些方式組合應用做全盤說明的**企業財務管理理論**
③ 運用資產時，對於如股票或債券等各種資產，應該如何組合所使用的**投資組合理論**（Portfolio Theory）
④ 進行針對金融市場的構造、債券和股票等證券價格和風險的分析時所使用的**證券分析理論**

以上各式各樣的理論。

在這些財務金融理論中，所謂的財務工程則特別是指「**使用數學、物理學及統計學等作為數理性的分析手法，以進行財務風險的預測或金融商品價格分析的理論系統**」，英文稱爲 Financial Engineering。

上述所提到的分類，原本主要是從證券分析理論發展而來的，但是現在這些理論對於財務金融理論的其他領域也產生了很大的影響。

由各種學問所帶動的財務金融理論的發展

　　財務金融理論經由其他各式各樣的學問而獲得極大的發展。

　　例如，數學在財務金融理論中屬於不可欠缺的角色，並且被活用於各個領域中。

　　此外，財務金融理論受到物理學的影響而產生了「隨機漫步理論（Random Walk）」（見第三章）。此理論在財務工程中成為選擇權和風險管理理論的出發點。

　　統計學在投資組合理論等各種領域中是較早被運用在財務金融理論的。

　　因此，使用數學或統計學的所有學問並非全然等於財務工程。傳統的財務金融理論中也有運用部分的數理手法作分析。相較於此，財務工程可說是將數理學問的成果運用得更正統且更系統化，並進而整合為一個理論系統的學問。

　　但是，財務工程在財務金融理論中並非一門特殊的獨立學問。

　　財務金融理論因近年來的高度與更精密化的發展而受人矚目，且使得各式各樣的金融新技術和新商品如雨後春筍般地產生。真可謂是一項革命性的變化，因此被稱為**金融技術革命**。此金融技術革命和IT（資訊技術）革命並列，對於1990年代之後世界的經濟構造帶來不小的影響。

　　而財務工程正是使財務金融理論邁向高度發展與**促進金融技術革命的關鍵**。

總而言之，財務工程對於金融技術革命後已高度化發展的現代財務金融理論而言，可以說是理論的基礎並且爲核心知識。

　　請你務必要注意的是財務工程並不是已經完全發展成型的學問，它今後仍然會持續發展。

　　此外，財務工程是希望將金融交易透過基本的數學算式，合理且正確的記述下來的學問，因此有些現實中發生的狀況

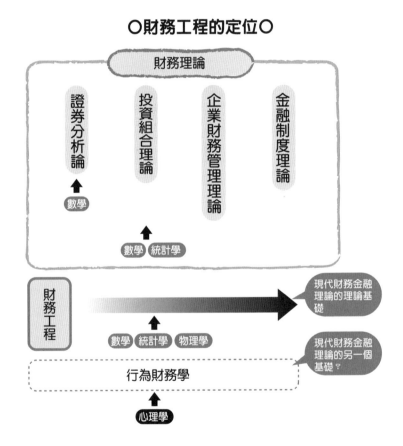

○財務工程的定位○

是財務工程也無法完全充分解釋清楚的。特別是會對於實際的金融狀況產生極大影響的人類的心理，這是絕對無法以數學來做一個完整表示的。

因此，近來的研究學者試圖將心理學的應用引進財務金融理論中。這個學問稱之為**行為財務學**（Behavioral Finance），目前行為財務學還是未發展成熟的領域，不過我認為不久的將來應該可以跟財務工程並列為財務金融理論的理論基礎。

何謂財務工程

- 財務工程是使用數學、物理學和統計學對金融商品的風險或價格進行分析之理論。

財務工程的定位

- 財務工程是創造很多新經濟模式的金融技術革命要角，是現代財務金融理論的理論基礎。

何謂衍生性金融商品

✏️ 財務工程的大支柱

　　財務工程的具體成果可例舉兩大支柱：其一為衍生性金融商品交易的相關理論，其二為風險管理的理論。

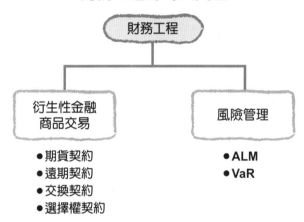

○**財務工程的兩大支柱**○

　　關於風險管理會在後面章節介紹，首先先介紹關於衍生性金融商品的部份。

　　衍生性金融商品是指將股票、債券和外匯等資產的風險分割出來進行買賣或加工之物。

　　原本的資產稱為**原資產**，針對從原資產衍生的價格變動等風險進行買賣者，則稱為衍生性金融商品交易，也就是英文

○衍生性金融商品的內容○

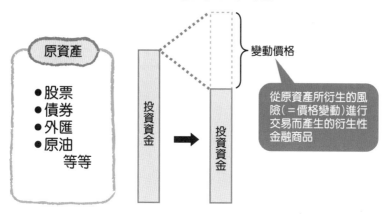

原資產

● 股票
● 債券
● 外匯
● 原油
　　等等

投資資金 → 投資資金

變動價格

從原資產所衍生的風險(＝價格變動)進行交易而產生的衍生性金融商品

的 Derivatives。

再來看比較具體的說明。

衍生性金融商品可大致區分為❶期貨契約（Futures）❷遠期契約（Forwards）❸交換契約（Swap）❹選擇權契約（Options）四種。漫畫中以氣溫為交換交易對象的例子來做說明，在此則以期貨交易為例子來說明衍生性金融商品的基本機能。

期貨的構成

以日經指數期貨為例，日經225指數是由日本股票市場代表性的225家公司股票平均算出的指數，也是日本報紙或電視常常會使用的指標。

當日本的景氣可能轉好時，日經指數可能會回升，因此假設我們想要投資日經指數。

由於日經225指數是日本255家公司的股價平均指數，如果投資人想要和日經225指數獲得同樣的損益，則必須購買

225家公司的所有股票，而為了購買股票就必須實際支付購買金額。

然而現實中要購買225家公司的股票需要花費相當龐大的金額。在此為了方便說明，我們假設全數只需花費100萬日圓，再假設購入股票後日經225指數上升1%，則100萬日圓的資金會有1萬日圓的收益，但若是下跌1%，則會產生1萬日圓的損失。

那麼，如果此時我們不是以現實的資產（稱為現貨）交易，而是只以變動的價格進行交易，那麼情況會如何呢？

也就是說，**假裝我們真的買了**100萬日圓的日經225指數，當日經225指數上升1%時，可以獲得1萬日圓，但當日經225指數下跌1%時則必須支付1萬日圓，這樣的作法並不需要購買225家公司的股票，也不需要準備100日圓的現金。

如果是這種作法，也可以簡單操作「賣出日經225指數」。

實際上為了賣出股票，你手中必須持有此股票，或是必須已經借來準備賣出的股票（借股票賣稱為**賣空**）。

但是，**假裝我們已經賣出**100萬日圓單位的日經225指數，如果指數下跌1%則可獲得1萬日圓，指數上升1%則必須支付1萬日圓，即使手中沒有持股，或是也沒有借入股票，透過「賣出日經225指數」也一樣可以進行交易。

但是，這並非是現實中真正擁有的資產，而是以現實資產衍生的價格變動來進行交易，而可以實現這種交易的就是日經指數225期貨。

　　爲何稱爲期貨是因爲讓渡日期，也就是最終結算日是未來的特定時間，因爲讓渡日期是在交易日後，因此交易當日是不需要支付購買費用，且到結算日前可以進行相反的沖銷性交易（買進後賣出，賣空後買進），「買進→賣出」的結果，手邊沒有留下任何股票，不需要支付購買的費用，只要支付買進價格和賣出價格的差額，也就是**結算價格變動的部分**就可以了。

　　實際的期貨交易時，投資人爲了證明將來可支付價格變動的差額部分，需要先支付一筆名爲保證金的擔保金，但是由於這金額和現實資產買賣時相比費用少很多，因此對於只結算價格變動部分的期貨的基本機能並沒有改變。

衍生性金融商品的意義

　　接下來要說明爲何投資買賣時，需要這種只結算價格變動的期貨交易。

　　例如：我們確定知道一個月後會有100萬日圓的現金進帳而想要在股市中運用這筆金錢。然而現實中，如果現在想要購買股票必須在事前備妥購買的一筆錢才行，那麼，此時除非是去借款，否則要等一個月後確實收到100萬日圓時才可以購買股票。

　　但是，如果我們認爲這一個月的期間股價會大幅地上漲時該怎麼辦呢？難道只能眼睜睜地看著可能獲得利益的機會流失掉？

　　事實上，在這種情形下，可以先進行期貨交易，之後當實際現金入帳時，再對買入的期貨進行相反的沖銷性交易即可。然後再用現金購買實際想要購買的股票。在這一個月的

時間內，如果股票真的上漲，則上漲的部分會成為期貨交易的利益，如此將不會流失獲利的機會（請參照下圖）。

讓我們想一想另一種情形。

假設有一大型的金融機構持有各個業種公司的股票。當股價下跌時，理所當然地資產價值也會因而減少並造成損失。

在此我假設，當股市出現了負面消息時，股價有可能大幅地下滑，但是如果該金融機構同時將持有的各種股票一起賣出，則可能會造成股價更大幅度的下跌，或者也有可能是因為他所持有的是重要客戶的股票，即使想賣出也會礙於利害關係而不能脫手。

○現在想買股票卻無法立即準備資金購買！○

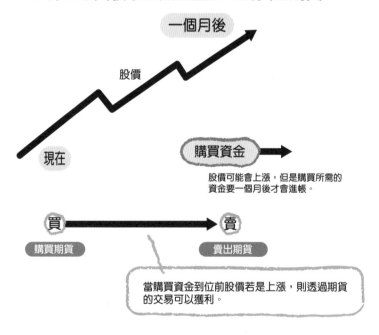

一個月後

股價

現在

購買資金

股價可能會上漲，但是購買所需的資金要一個月後才會進帳。

買　購買期貨

賣　賣出期貨

當購買資金到位前股價若是上漲，則透過期貨的交易可以獲利。

　　遇到這種情形可以藉由只賣出期貨，不出脫持有的股票，達到迴避股價下跌時所可能造成的風險（迴避可能發生的風險之事稱為風險迴避（Risk Hedge），或者稱為避險（Hedge））。這時由於持有者不出脫股票而選擇繼續持有，股價下跌，資產當然會因此減少。但是日經指數下跌的部分則由期貨交易中獲利，藉此就可彌補損失（請參照下圖）。

　　當然不論是哪種情形，當股價和預期的完全相反時，期貨交易就有可能造成損失。就如同漫畫中所說的，為了追求獲利的可能性，心裡一定要抱持著隨時都有可能發生損失的心理準備。而為了避免損失發生所帶來的風險，同時也必須放棄獲利的可能性。

○想要立刻賣股票但卻有不能賣的理由○

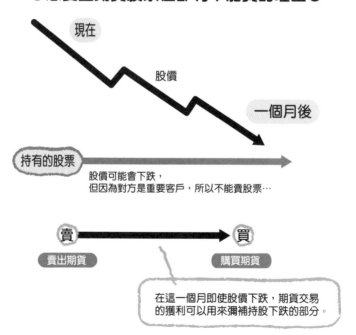

現在

股價

一個月後

持有的股票

股價可能會下跌，
但因為對方是重要客戶，所以不能賣股票…

賣　賣出期貨

買　購買期貨

在這一個月即使股價下跌，期貨交易
的獲利可以用來彌補持股下跌的部分。

總而言之，衍生性金融商品的存在主要是爲了追求獲利的可能性或是迴避損失的風險性，至於該如何選擇，基本上是可以藉由自我判斷做自由選擇的。我以熱熱亭和涼麵屋的例子來做說明，雙方爲了能專心於自己的本業、避免因氣溫變化產生的風險，因而共同決定以衍生性金融商品來實現這個目的。

　　衍生性金融商品雖然並不能保證一定能獲得新的利益，但卻帶給熟用這些工具的人**極大的可能性和選項**，基於自己判斷所選擇的行動，可以透過衍生性金融商品的交易將不可能化爲可能。

　　因此，「衍生性金融商品鴻溝」也就是所謂的熟用衍生性金融商品的人與並非如此的人，兩者對於能否追求獲利或規避風險可能會產生極大的差異。

重點
摘要

❀ **衍生性金融商品在財務工程中的定位如何？**

　⊃ 財務工程中有衍生性金融商品和風險管理這兩大支柱。

❀ **衍生性金融商品是什麼樣的東西？**

　⊃ 衍生性金融商品可大致分為「期貨契約（Futures）」、「遠期契約（Forwards）」、「交換契約（Swap）」和「選擇權契約（Options）」。

❀ **衍生性金融商品（期貨）的功能？**

　⊃ 衍生性金融商品（期貨）是假設將現實的資產「買進」或「賣出」，只結算價格變動部分的交易。

❀ **為何需要衍生性金融商品？**

　⊃ 衍生性金融商品不需要備妥實際交易所需的金錢或股票就可以進行交易。也就是透過利用衍生性金融商品，可以增加交易的選項，以獲得更多獲利的可能性。

種類多樣的
衍生性金融商品

在此根據先前的分類，簡單地為您介紹衍生性金融商品的交易種類。

✎ 期貨（Futures）的特徵

期貨稱為 Futures，期貨中最具代表性的是先前說明時所使用的日經 225 指數，在此就其特徵再做一次總結。

從日經 225 指數看「期貨的特徵」

- 需要保證金（作為結算差額的擔保）
- 不需要準備交易的金錢（買進的情況）或股票（賣出的情況）
- 看漲價格並買進期貨時，若是日經 225 指數上漲則為獲利，若指數下跌則造成損失
- 看跌價格並賣出期貨時，若是日經 225 指數下跌則獲利，若指數上漲則造成損失
- 期貨的日期是設定在未來某一特定時間點（具體來說是 3 月、6 月、9 月、12 月的第二個星期五）
- 在期貨契約到期前進行反向的沖銷性交易（平倉），結算買值和賣值的差額部份完成交易
- 在期貨契約到期前未進行反向的沖銷性交易（平倉）的話，必須用一定的計算方法所得出的結算價格進行結算
- 交易所是公開市場，交易所的會員可以直接交易，非會員則透過期貨業者向交易所下單交易

期貨中除了日經225指數（台灣則是股價指數期貨）之外，還有各式各樣的種類，如果是海外的話，只要是主要先進國家都是在各自的交易所進行交易。

不光只有股價指數期貨，也有以利息或債券為主的期貨交易，這些交易在主要先進國家大多已是成熟的交易市場，以日本為例，有以下期貨：

- 利率期貨……三個月期銀行間的拆款利率（指三個月期銀行同業的資金借貸利率）之期貨
- 債券期貨……10年國債（日本政府為了籌措資金而發行的債券）之期貨

等等，因為交易對象的資產不同所以細部條件和日經225指數有所差異，但就功能上來說，幾乎是相同的交易。

再說到外匯，外匯部分雖然也有期貨交易，但接下來我所介紹的遠期契約（Forwards）則屬於比較一般性的，而且也沒有那麼熱門。

除了股票、利息或債券等金融資產以外，黃金或原油等期貨交易也非常的熱門，這些金融資產一般稱為「商品」（Commodity）。不單只是黃金或原油，事實上，從礦物資源到農產品等各式各樣的商品都有被拿來做為期貨交易的標的。

遠期契約（Forwards）的特徵

Forwards稱為遠期契約，基本的特徵和期貨幾乎相同，不同之處在於有否在交易所公開交易而已。

期貨的交易是在交易所公開交易，**遠期契約則是沒有所謂的交易所來進行交易**，也就是說，交易時並非透過交易所而

是直接或間接經由仲介業者個別尋找交易對象進行交易，這種交易稱爲**店頭市場交易**，或者是取英文的 Over The Counter 的第一個字母稱爲OTC交易。

順便一提，店頭市場交易的衍生性金融商品稱爲店頭市場衍生性金融商品（或者是OTC衍生性金融商品），而在上市的交易所進行交易的衍生性金融商品稱爲公開市場交易的衍生性金融商品，後者雖然已經形成一個廣大的交易市場，但店頭市場衍生性金融商品的規模則凌駕於公開市場交易的衍生性金融商品的規模。

店頭市場交易的最大特徵是交易只存在於和交易對象間的契約，只要兩者同意，不需要在意任何人，交易條件可以較有彈性。

而在交易所買賣期貨時，則是從到期日到結算的方法等都需要依照交易所所規定的條件進行買賣。但是，如果是店頭市場交易的話，當事人雙方可以任意決定各式各樣的條件。

所謂店頭市場交易（前往櫃檯）並不是意指投資者實際到證券公司或銀行的櫃枱窗口進行交易，它充其量也只是用於對應交易所交易而使用的說法，因此實際交易時並非在窗口，而是透過電話或電子資料的往來而進行交易。

遠期契約交易也是以各種資產爲交易對象來進行廣泛的買賣交易，特別是外匯（美金和日圓的交換交易等）的遠期契約交易是非常活絡的。

例如，某出口商預計一年後會有一萬美元的收入，假設現在的外匯匯率爲1美元對120日圓，用此利率換算日圓等於將來會有120萬日圓的收入。

但是，一年後當該出口商實際收到該筆美元收入時，匯率

可能已經大幅的變動。假設後來的匯率為 1 美元對 100 日圓，則 1 萬美元的收入換算成日圓只剩 100 萬日圓，因為匯率變動所帶來的不確定性，就稱為匯率風險（或者也可能是相反的情形，匯率 1 美元對 140 日圓，收入可能成為 140 萬日圓）。

該出口商可以為了規避類似的風險，而與銀行訂定契約，雙方約定以一年後為交易日期，屆時以某一利率將 1 萬美元兌換成日圓來做交易。這就稱為遠期交易。也可以稱為遠期外匯契約。

這種遠期交易的利率和現在的匯率會有些許的差異，契約到期前的那段期間，日圓和美金利率的水準不同也會導致匯

○遠期契約的運用例子○

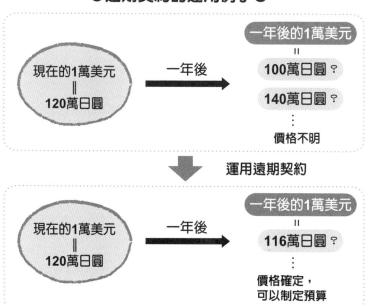

率有所差異。以現在的外匯水準來舉例，現在是 1 美元對 120 日圓，出口商預測一年後日圓會小幅升值到 116 日圓。如果透過遠期契約交易，他與銀行約定一年後入帳的 1 萬美元以 116 日圓來交換。

那麼，以現在的匯率 120 日圓來計算，看起來將來可收到的金額似乎變少了，但是如果把此項操作當成是避險的成本，就比較不令人擔心了。而且一年後的匯率有可能為 100 日圓，也有可能是 140 日圓，只要有締結遠期契約，就可以在一年前確定屆時的日圓收入為 116 萬日圓，出口商也可以據此確實地編列預算與因應對策。

運用遠期契約的情況，與期貨相同，即交易日期設定在未來，因此，實際上並不需要美元或是日圓資金的往來，就能達到匯率避險的功能。另外，到期日前只要反向買賣，不須經由美金資金的交付過程，即可只針對價格變動的差額做結算。

交換契約（SWAP）的特徵

交換契約指的是**現金流量的交換交易**，交換契約也屬於店頭市場衍生性金融商品。

交換契約在衍生性金融商品中可說有如王者般的存在，基本上任何標的物都可以成為交換契約的交換對象，因此它具有期貨和遠期契約的同等效果，也具有和接下來要介紹的選擇權契約的特色。

交換契約有很多種類，其中有交換不同種類利率的利率交換、交換不同貨幣現金流量的貨幣交換，也有根據股價變動

所做的權益交換等。

交換契約的交易額或交易量有如天文數字般的龐大，它在世界上所有的交易市場中也是超群出眾的大規模。關於交換契約這個部分，我將會在第二章中詳細說明。

選擇權契約的特徵

選擇權契約是一種具有不可思議性質的交易。舉例來說，「對象的資產升值時則利益會增加，但當貶值時則損失不會增加」，關於選擇權契約我將會在第三章中詳細介紹。

選擇權契約是衍生性金融商品中最複雜且最難的領域，同時也可以說是衍生性金融商品中的「精華」交易。

選擇權契約可分為，先前說明的以期貨交易為對象的選擇權（集中市場選擇權），和以其他資產為對象的選擇權（店頭市場選擇權）。從整體來看，不難看出兩者所形成的是一個巨大的市場。

衍生性金融商品的對象

到目前為止的說明中所觸及到的衍生性金融商品的對象有很多：除了股票、債券、存款利率、外匯（貨幣）等為其代表商品之外，原油、黃金或者是天候等也是對象之一。另外也有以企業的信用強度（倒閉的可能性多寡）為對象的信用衍生性金融商品（Credit Derivatives），以上這些都是近幾年來衍生性金融商品蓬勃發展的項目。

比較特別的是其中有以將來通貨膨脹率（消費者物價指數）等為對象的衍生性金融商品。舉例來說，將來可能會有諸如

今後 10 年間的物價膨脹率爲年增率 1% 時則有獲利，降低時則造成損失的類似交易。

　　理論上只要有合理的報價，**所有存在的東西都可能成爲衍生性金融商品的對象**。

重點
摘要

ㅇ 何謂「期貨」？
　➲ 期貨是以未來的某一特定日期進行交易，不需準備購買的現金或欲售出之資產也可以進行交易者稱之，期貨隸屬於公開市場交易的衍生性金融商品。

ㅇ 何謂「遠期契約」？
　➲ 遠期契約的功能性和期貨沒有什麼差異，所不同的是它屬於不在交易所交易的店頭市場衍生性金融商品。

ㅇ 何謂「交換契約」？
　➲ 交換契約是買賣雙方在一定期間內，依雙方約定的規則所進行一連串現金流量交換的契約。交換契約在店頭市場交易，且爲擁有廣大市場的衍生性金融商品之王。
　　　　　　　　　　　　　　　　　☞ 關於交換契約，請詳見第二章說明。

ㅇ 何謂「選擇權契約」？
　➲ 選擇權契約是具有特殊損益特性的衍生性金融商品，選擇權有集中市場選擇權和店頭市場選擇權。
　　　　　　　　　　　　　　　　　☞ 選擇權契約的說明請詳見第三章。

ㅇ 衍生性金融商品的對象有哪些資產？
　➲ 股票、貨幣、債券、黃金、原油、信用（企業倒閉的可能性）和通貨膨脹率等，所有的東西都可能成爲其交易對象。

新潮卻又古老
衍生性金融商品的歷史

　　據說衍生性金融商品交易始於 1970 年代的美國。進入 1980 年代後，以交換契約爲主的店頭市場衍生性金融商品的市場開始急速擴大。同一時期，日本的衍生性金融商品也開始普及。 1990 年代以後，隨著可以成爲交易對象的資產種類大增，且衍生性金融商品理論的不斷進化和不斷地進行新商品的開發，現在衍生性金融商品已經成爲所有金融商務中所不可或缺且佔交易市場的最大地位。

　　現在看來，即使衍生性金融商品的市場規模極大，卻也不過是最近這二、三十年間才開始急速成長，也可說是比較新的金融商務領域。

　　但是，只要再往前追溯歷史，我們可以意外發現，自古在人類歷史中就有衍生性金融商品的存在。關於它的起源，有一說是從古希臘時代開始，但是，在此我將以近代史的觀點來爲您介紹關於衍生性金融商品的幾個重要事蹟。

荷蘭的鬱金香市場

　　鬱金香的大國——荷蘭從很早以前就開始發展鬱金香市場， 17 世紀時鬱金香球根價格一度曾是天價，而後急速下跌，以現代的用語來說，荷蘭當時可說是經歷了鬱金香的泡沫化時代。

　　據說當時已經有種與現在的選擇權交易非常類似的交易模

式存在。

　　江戶時代的日本，在大阪的堂島有個規模極大的米市場，當時在那裡所進行的交易，除了以實際的米交易之外，也有與現今的期貨交易相同的交易模式在進行中。

　　堂島米市場不單只有交易規模大，其交易市場也相當完備，可以說是現在期貨交易市場的雛型。

　　現在，美國雖然是衍生性金融商品的先驅國，但實際上，江戶時代的日本卻曾是**世界第一的衍生性金融商品大國**。

○衍生性金融商品的歷史○

起源於古希臘時代？

（16至17世紀的歐洲）
在荷蘭有鬱金香
衍生性金融商品交易

（17至18世紀的日本）
在堂島成立米期貨市場

1970年代美國芝加哥開始金融期貨交易

1980年代以後，OTC交易急速發展
●1981年最初的貨幣交換契約
●1982年最初的利率交換契約

現在衍生性金融市場的規模愈漸龐大

✏️ 特別篇？的「薩長聯合」

我們再來看另一個歷史事件。嚴格來說，這或許不能算是衍生性金融商品，但從某種意義上來看，它卻具有衍生性金融商品的重要特徵。

日本的幕府末期，政治情勢相當不穩，混亂的政治風暴籠罩著整個社會。當時和幕府對抗的兩大勢力有薩摩藩和長州藩，但他們水火不容，彼此仇視對方。

當時有很多志士都建議薩摩藩和長州藩兩方必須互相合作，否則無法形成取代幕府的新政治勢力，可惜的是難以找到實現的絕佳方法。

就在這個時候，土佐出身的浪人阪本龍馬向薩長兩藩提出前所未有的建議。

當時長州藩是經濟大國，具有充足的金錢和米糧，但是因為長州藩和幕府對立，使得其餘的小國都因畏懼幕府而不敢和長州藩進行交易，當然也買不到武器。

另一方面，因為薩摩藩不像長州藩一樣跟幕府對立，幕府也對薩摩藩較不約束，因此薩摩藩比較容易購得武器。另外，由於薩摩藩是蕃薯的產地，米的收成量較少，所以，他們總是為必須從米市場以高價購買不足的米糧而煩惱。

阪本龍馬所提出的建議是：薩長兩藩將各自的的需求和風險進行交換的交易。

也就是說，長州藩的風險是在無法購得武器的情形下，就和幕府開戰，如此一來，幾乎可說是毫無勝算。因此，就長州藩的立場而言，他們認為即使用盡金錢或米糧，也非得要設法購得武器、建立戰力不可。

再就薩摩藩來說，他們所抱持的風險是，若米價上漲，則有可能壓迫財政支出。況且當時的政局又非常不穩定，因此

米的價格隨時可能上漲，對於薩摩藩來說，設法確保米糧供給是國內財政上的重要課題。

因此，阪本龍馬提出以下提案：①為了讓長州藩可以購買武器，薩摩藩將自己的名義借給長州藩。②長州藩擁有的豐富米糧以便宜的價格賣給薩摩藩作為報答，也就是武器和米的交換契約交易。

雖然薩摩藩和長州藩互相敵視，但是因為這個交易對於雙方都有好處，最後雙方都同意阪本龍馬的提案。

透過這項交易，薩長兩藩從互相敵視的關係，成為各取所需的交易對象關係，漸漸的兩國也有了實質上的交流，最後終於因為密切合作而實現了薩長聯合。至於，薩長聯合成為日後明治維新的基礎之事，我就不在此多做敘述。

○阪本龍馬的「武器・米糧交換契約交易」○

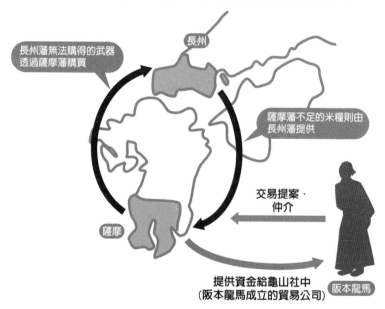

長州藩無法購得的武器透過薩摩藩購買

長州

薩摩藩不足的米糧則由長州藩提供

交易提案・仲介

薩摩

提供資金給龜山社中
（阪本龍馬成立的貿易公司）

阪本龍馬

🖉 阪本龍馬的「武器・米糧交換契約交易」的特徵

這項交易是以武器和米糧兩種實際的資產進行交換，從意義上嚴格說起來，這並不能算是衍生性金融商品交易。從某一點來說，與其說這是項實際的資產交換，不如說這具備了一個衍生性金融商品交易的特徵。

所謂的特徵是指**依雙方的需求和風險特別訂做的交換契約**。例如，關於購買武器則以「薩摩藩購買後送至長州藩」的方式進行，長州藩擁有購買武器的金錢，因此金錢是可以購買武器的工具。從薩摩藩提供長州藩所需的東西這一點來看，可以說是衍生性商品交易。就米糧來說，這個以武器交易為名義的對價品則是由長州藩提供等值的米糧給薩摩藩。

也就是，不光是只有實際的資產進行交換，而是在雙方都同意的條件下，交換各自需求的物品。

上述這點，可以說是衍生性金融商品——特別是交換契約交易——的重要特徵。互相的需求或風險以雙方都同意的條件進行交換之交易，這樣做可以帶給當事者雙方利益，是雙方都能欣喜接受的交易。如同阪本龍馬的交換契約交易實現了薩長聯合。日本在這種具有衍生性金融商品特徵的交易背景之下，其衍生性金融商品交易市場在短期內成長為驚人的龐大市場。

順便一提，剛剛的長州藩與薩摩藩一例中，阪本龍馬能清楚掌握當事雙方的需求或風險，提議以雙方都滿意的方式進行交換交易，他所扮演的角色，以目前的專業術語來說可稱為**仲介者**，現在多為證券公司或銀行擔任此角色。

當交易成立之後，仲介者即可就雙方的合約金額收取手續費。而負責仲介薩長間武器和米糧交換契約的阪本龍馬，他所經營的龜山社中（後來的海援隊）接受薩摩藩的出資，獲得長州藩武器交易仲介的手續費，可做為仲介的報酬。被稱

為日本海軍和貿易商先驅者的阪本龍馬，或許也可以說是仲介日本衍生性金融商品的第一人。

✎ 機械工學的交易時代

1970 年代至 1980 年代前半，以美國為中心的現代衍生性金融商品交易誕生當時，除了有在交易所以外進行的店頭市場交易外，另外，如阪本龍馬所做的提案‧仲介型的交易型態也是其主流。

提案‧仲介型的交易型態就是，仲介者先尋找兩個剛好互有需求或互可規避風險的交易對象，並找出雙方都可以認同的交易條件之交易模式。

至今衍生性金融商品的交易本質並沒有改變，此交易模式透過多樣市場的發展和財務工程的進化而有了非常不一樣的樣貌。

由於現今的市場機能非常發達，不需要辛苦地尋找也可以輕易找到交易對象。

例如，與某客戶進行交易的金融機構，不需要自己去尋找與此客戶有相反需求的對象，只要透過和擁有相反需求客戶的其他金融機構交易，也可以獲得同樣的效果。也就是說，這個金融機構不直接與有相反需求的客戶締結關係，而是採取自己先成為進行交易的對象，再與擁有各式各樣交易的金融機關同業在其他交易平臺進行交易的模式。

銀行或證券公司所參與的金融機構同業的市場稱為銀行間拆借（interbank）市場，由於此處的交易非常頻繁，因此尋找交易對象幾乎不需花太多工夫。

另一方面，為了讓每一個參加者在這樣的市場中能簡單地

從事多樣交易，因此在某種程度上交易已經規格化。公開市場交易必須依照交易所制定的條件進行交易，店頭交易（特別是銀行間拆借交易）也同樣傾向於以事先約定好的形式進行交易。也就是說，在市場尋找交易對象雖然是簡單的事，但是由於交易本身已經有既定形式，因而變得無法符合個別參加者的需求。

○衍生性金融商品交易型態的變化○

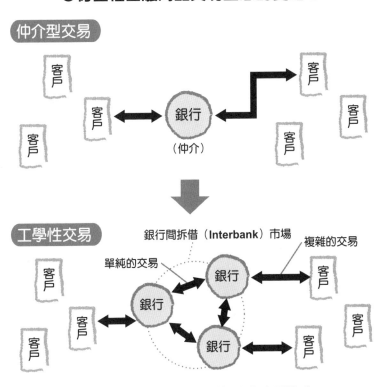

朝向需要機械工學設計能力的交易模式

當然，因為是店頭市場交易，所以要完全符合個別的需求來進行交易並非是不可能的事。但是，將複雜且個別性強的交易帶進市場中，將會使得交易條件變差，或者還會增加額外的花費。

例如，我們假設銀行接受某個企業帶來的特殊且複雜的交易。此時，銀行就必須去尋找和此企業擁有完全相反需求的交易對象。但是，此交易內容並不符合在銀行間拆借市場中頻繁交易的交易規格，而且如果該銀行仍設法想要在市場中進行交易的話，最後只會增加費用而使得原本可獲得的利益消失無蹤。

此時，最佳的應對方式是，可以將特殊且複雜的交易解構成幾個單純的交易，再將拆解之後的單純交易拿到市場進行買賣即可。

無論如何複雜的交易都可以由接受此項交易的銀行或證券公司拆解成單純的交易，因此不會明確地讓雙方得知自己的交易對象是誰，也就是不會出現上述故事中，顯而易見地可看出接受薩摩藩需求的對象是長州藩的這種明確狀況。

即，阪本龍馬和各個藩進行各種交易，將這些交易加以組合，再向薩摩藩提議最符合他需求的交易。

對於薩摩藩而言，只會知道交易對象是阪本龍馬，而阪本龍馬從薩摩藩借來的名義要借貸給誰，或者是提供薩摩藩便宜米糧的藩是誰，將變得非常隱密而不可知。

並非只有薩摩藩不清楚交易對象，連阪本龍馬本身也不知道到底從薩摩藩借來的名義在市場中借出給誰，或是到底從哪個藩以便宜的價格買到米糧，最終這項交易到底去了哪裡。

　　就因為有了這樣的轉變，而使得目前的衍生性商品交易中，仲介商並非仲介交易，而是接受客戶的個別訂單，為其設計交易內容，而為了因應設計需要，仲介商在市場中找出需要的幾個交易商品，再予以加工，組裝完成後再進行販賣。與其說這是仲介型交易，我倒是認為這比較接近接單生產型交易。

　　這種接單生產型的交易可說是，組合一般普遍交易的單純交易，這是否可以做成因應客戶需求的特殊商品，將成為金融機構的競爭力來源。因此**「機械工學」設計能力**才會漸漸成為金融交易所不可或缺的能力。當然，能有機械工學性的組合型交易模型出現，也是因為財務工程的顯著發展而來。

　　在此所敘述所謂的「機械工學」的交易模式是非常難且複雜的東西，或許很難令人有具體的想像出現。雖然本書末將會針對上述狀況做更進一步的說明，但是我希望各位瞭解的是，現今的衍生性金融商品交易已並非是單純地將客戶的訂單串連起來而已，而是需要透過客戶的訂單需求為個別客戶量身設計才行。

❁ **衍生性金融商品的歷史是？**

　　➲ 現在的衍生性金融商品出現在 1970 年代的美國。但可知的是，
　　　 在此之前已有衍生性金融商品的存在。

❁ **為何衍生性金融商品會急速的成長？**

　　➲ 因為衍生性金融商品是可以帶給所有參加者利益的交易，因而
　　　 獲得客戶青睞並急速發展。

❁ **衍生性金融商品至今有什麼樣的變化？**

　　➲ 目前已經從當初的提案‧仲介型到為客戶量身訂做的接單生產
　　　 型交易，即目前已徹底轉變為「機械工學」的設計交易。其背
　　　 景為市場機能的發達和財務工程的受重視所致。

第**2**章

和**菜菜子**一起學
現金流量和
交換契約交易

來去小優家吧——！

其實也只是在我家旁邊而已……

嗯——！？

那個女孩…

森澤

在小優家門前做什麼…？

請問有什麼事嗎？

！！

啊…！
沒…沒什麼事！

喘　氣

轉身跑掉——

？

是個大約跟你同年的女生喔—

啊！？

咻！

已經走掉了喔～

那個女生是……

嘻嘻嘻

妳今天是來繼續聽我上課的吧！？要開始囉！

咳 咳

麻煩您了—小優老師

不用叫我「老師」……
今天要講的是**現金流量**。

現金流量？

簡單來說就是，○月○
日收到多少、

○月○日支付多少
的金錢流向。

怎麼跟「零用金帳簿」或
「家庭支出帳簿」類似啊！

以前我記過帳喔！

昨天收到
零用錢，
今天買
了零食
……

廣義來說，
或許一樣。

所謂的金融交易就是這
類金錢的流向，

而以現金流量表
來表示。

那麼，
之前你說的那個交換
契約交易也是嗎？

熱熱亭　熱

涼　涼麵屋

沒錯！

股票、債券、存款和外幣交易
全都是現金流量的集合體。

股票

債券

存款

外幣交易

原來如此…

我用簡單的例子
來說明。

好的！

假設你從銀行
借了一筆錢，

○×銀行

然後呢？

再假設妳借100萬日圓，每年要支付5％的利息，兩年後要連本帶利全部還清。

現金流量可以用下表來表示。

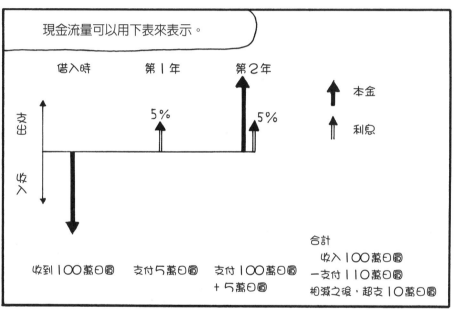

借入時　　　　第1年　　　　第2年

支出

收入

5％　　　　5％

本金

利息

收到100萬日圓　　支付5萬日圓　　支付100萬日圓
　　　　　　　　　　　　　　　＋5萬日圓

合計
　收入100萬日圓
　－支付110萬日圓
　相減之後，超支10萬日圓

你的意思是借100萬日圓，要支付兩次年息5％的利息共10萬日圓，對吧！？

像這樣「利率」固定不變的借款稱為「固定利率借款」。

第1年5％	第2年5％	第3年5％

原來如此！

「利率」會變動，

？

就叫做「浮動利率借款」。

利率會變動這是什麼一回事？

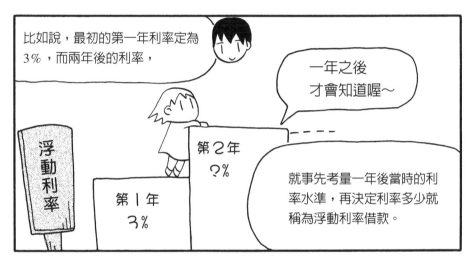

比如說，最初的第一年利率定為3％，而兩年後的利率，

一年之後才會知道喔～

就事先考量一年後當時的利率水準，再決定利率多少就稱為浮動利率借款。

浮動利率

第2年？％

第1年3％

為什麼固定利率借款的利率是5％，

而浮動利率借款的利率在第一年卻只有3％？

第1年5％　第2年5％　第3年

第1年3％　第2年？％

浮動利率借款的利率會隨著期間的不同而有所變化，像剛剛說的第一年利率為3％，而第二年利率變為5％。

第1年5％　第2年5％

如果是固定利率借款，那麼即使是借兩年，則兩年利率都會維持在5％。

但是，浮動利率借款時，我們假設每年銀行都需要調整利率水準，

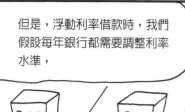

? %　1年後

? %　2年後

? %　3年後

? %

而使用該年度的年利當利率標準。

那麼每年度的利率變動會很大嗎？

利率是會經常變動的，有時現在決定的利率，過了一個月之後，

3%

哈哈

可能會變成一年期為4％，兩年期為5.5％。

果然變成4%了。

哈哈

原來如此！

如果你以兩年期的浮動利率借款，那麼第一年借款時的年利率是固定的3％。

支付3%

浮動利率借款

也就是說，過了第一年時，你要支付3％的利息，之後第二年的利率則適用當時所使用的

3%

1年後

3%　? %

新的一年期的借款利率了。

總之，最初借款時是不會知道第二年的利率的。

第二年是多少？

不知道！

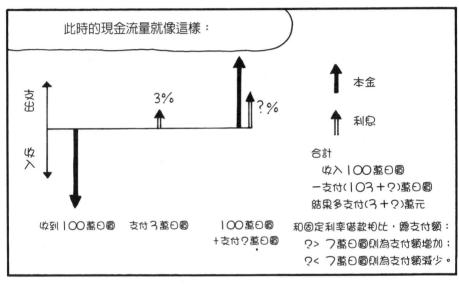

此時的現金流量就像這樣：

支出

收入

3%

?%

收到100萬日圓　　支付3萬日圓　　100萬日圓
　　　　　　　　　　　　　　　　＋支付?萬日圓

本金

利息

合計
　收入100萬日圓
　－支付(103＋?)萬日圓
　結果多支付(3＋?)萬元

和固定利率借款相比，總支付額：
　?＞7萬日圓則為支付額增加；
　?＜7萬日圓則為支付額減少。

如果一年後的利率還是維持低檔，那麼屆時的利息總額可能會比固定利率借款還要少呢！

得意

但，相反來說，如果利率上昇，則有可能需要支付的利息總額會增加喔。

對喔！

借款現金流量的交換

假設我用固定利率借款 100 萬日圓，

另一方面，菜菜子用浮動利率借款 100 萬日圓。

浮動

固定

好—

我預測今後利率會下跌，因此想要換成比較有利的浮動利率。

下跌

利率

股票

理財

理財書

真是會算的傢伙！！

可惡！

……

然後，我們假設菜菜子認為之後的利率會上昇，而換成比較有利的固定利率。

可能會

上昇！！

…好。

你覺不覺得如果是這種情況，我們只要交換相互的借款現金流量就可以？

對耶！

跟之前氣溫交換契約交易的方法一樣吧！

熱

你可以想成，本金都是100萬日圓，所以沒有交換的必要。實際需要交換的部分只有利率而已。

固定利率借款所產生的利息由菜菜子負擔，而浮動利率借款所產生的利息再由我支付給菜菜子。

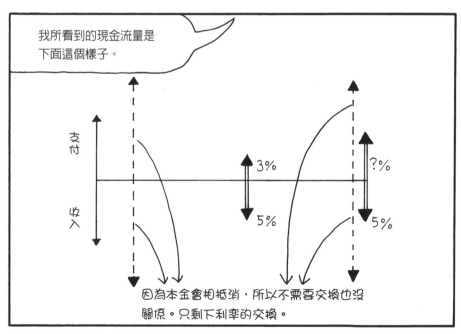

我所看到的現金流量是下面這個樣子。

支付

收入

3%

5%

?%

5%

因為本金會相抵消，所以不需要交換也沒關係。只剩下利率的交換。

雖然還是由我支付銀行5%的利息，

而這個部份透過交換契約交易，菜菜子會私底下支付給我，所以我並沒有實質上的負擔。

沒錯！

另一方面，因為我必須支付給菜菜子浮動利率借款的利息部分，

結果我所負擔的是浮動借款利息的部份，就等同於我是使用浮動利率借款。

也就是說，借款的條件相同，但相互交換了實質的支付條件。

小優　　菜菜子

浮動利率　　浮動利率

銀行　　　　　　　　銀行

固定利率　　固定利率

交換契約交易

對於菜菜子而言，這個條件也具有相同意義。

在這樣的條件下，我要支付小優5％的利息，而小優卻只支付我3％的利息，那我不就損失了2％的利息！

基本上，只有第一年會這樣，但就總額來說會變成怎樣呢？

什麼意思啊？

如果很清楚地知道這是相當不利且不平等的條件，

就沒有人願意進行交換契約交易。

這麼說也對…

來想一想第二年有可能會發生的事吧！

菜菜子付給我5％的利息，而我在一年後的同一時間要支付給菜菜子當年度的一年期借款利息。

沒錯！

但是，

借款當時並不知道利息會有什麼變化，

假設利率會變成7％，結果會如何？

這麼說來，

兩者相減之下，小優要多付2％，所以我第一年損失的2％就消失了。

一般而言，當上述的平衡狀態可以成立時，雙方才會進行交換契約交易。

嗯

嗯

不過呢——

如果大家都不認為一年後的利率會是7％時，又是怎麼樣呢？

如果一年後的一年期利率預測為7％，而非4％？

哼哼哼

你的意思是？

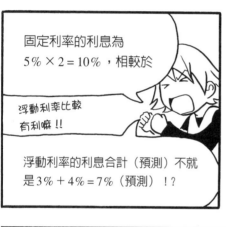

固定利率的利息為 5％×2＝10％，相較於

浮動利率比較有利嘛！！

浮動利率的利息合計（預測）不就是3％＋4％＝7％（預測）！？

原來如此…

嗯

光是這樣看就知道，浮動利率顯然的比較有利！

或許真的是這樣，如果是這樣就幾乎不會有人要用固定利率5％借錢了。

固定

浮動

沒錯～？

如果一直沒有出現有意願的人，就可以將條件更改得更有利，以增加別人的使用意願。

這是市場的常態。

超級市場

是金融交易的地方。

如果預期一年後的利率是4％，而為了不讓固定利率和浮動利率之間沒有顯著差異，

浮動利率
3％＋4％（預測）≒3.5％＋3.5％

固定利率

| 5 ％ | 5 ％ |

| 3.5 ％ | 3.5 ％ |

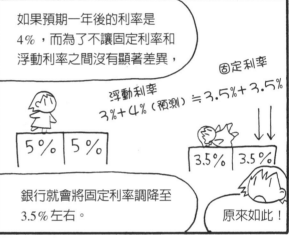

銀行就會將固定利率調降至3.5％左右。

原來如此！

也就是說，市場為了不讓浮動利率或固定利率任何一方產生有利或不利的情形，而自行決定利率高低。

浮動　≒　固定

所以隨時都可以交換！

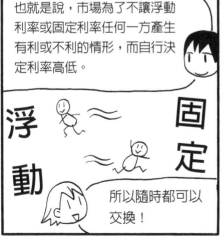

當然預測也僅是預測，結果多會出現有利或不利的情況。

所以，現在看來是五五波，雙方平手。

實際的交換契約交易所進行的是複雜的現金流量的交換。

因此，讓我們想想可以進行更簡單的交換的例子。

要怎麼做呢？

金融交易是現金流量的總體。如果知道現金流量的價格，就可以簡單地進行交換契約交易喔。

說的也是──

那麼
有沒有雙方價格不一樣的情形呢？

50 萬日圓
或
100 萬日圓
等等

只要把這樣的情形想成「可以找零」不就好了？

嗯！
原來也可以這樣啊！

那麼只要知道價格，不論什麼樣的現金流量都可以簡單的進行交換。

你說對了。

接下來，我們來想想價格的部份。

假設，每年各交換 50 萬日圓，兩年總共是

100 萬日圓現金流量，其價格是 100 萬日圓吧？

唉呀…
不可以這樣算啦！

驚訝

啊—！？怎麼會？

即使同樣是 100 萬日圓，妳是要現在收進口袋？

還是 1、2 年後再拿回來？兩者的價值是不同的。

這是怎麼一回事？

現在拿回 100 萬日圓，不論你是拿去存起來或是購買國債，都會有利息產生。

喔一、原來如此！！

假設現在的利息是 3％，則現在的 100 萬日圓在一年後會變成 103 萬日圓。

100 萬　3 萬

沒錯！沒錯！

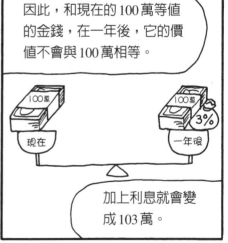

因此，和現在的 100 萬等值的金錢，在一年後，它的價值不會與 100 萬相等。

100萬

100萬 3%

現在　一年後

加上利息就會變成 103 萬。

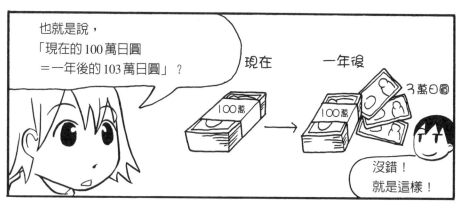

也就是說，
「現在的 100 萬日圓
＝一年後的 103 萬日圓」？

現在　　　一年後

3萬日圓

沒錯！
就是這樣！

反過來說，
也就是「一年後的 103 萬
日圓等於現在的 100 萬日
圓」。

一年後　　　現在

啊～～～～
好混亂啊～

在這種情況下，一年後的
金額不論是多少，

只要乘上 0.971
（100 萬日圓 ÷ 103 萬日圓 ≒ 0.971）
就可以知道現在的價值。

原來如此…

5 %

即使兩年後也相同。
假設現在的 100 萬日圓在第一
年和第二年時分別會有 5％的
利息收入。

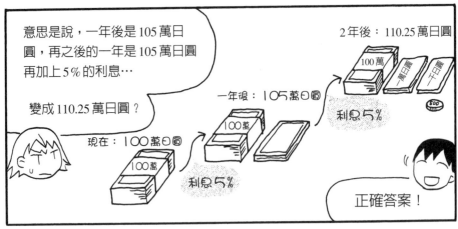

意思是說，一年後是 105 萬日圓，再之後的一年是 105 萬日圓再加上 5％的利息…

變成 110.25 萬日圓？

現在：100 萬日圓

利息 5％

一年後：105 萬日圓

利息 5％

2 年後：110.25 萬日圓

100 萬　一萬日圓　一千日圓

正確答案！

這種算法稱為「複利計算方式」，也就是以「本金×$(1 + 0.05)^2$」來計算。

按！
按！
按！

真的耶！
你也早點說嘛—！！

也就是說，
「現在的 100 萬日圓＝2 年後的 110.25 日圓」。

現在

2 年後

跟一年後是一樣的耶！

因此，不論兩年後的金額是多少，

只要乘上 100 萬日圓 ÷ 110.25 萬日圓 ≒ 0.907 就是現在的價值。

好神奇～～～

在財務工程中，用現在的金錢換算成的價值稱為「現值」。

啾　　　　啾

100萬

現在

以未來的金錢來換算的價值稱為「終值」。

未來

100萬

3萬

好有趣喔！

為了簡單比較現金流量的價值，需要先統一用某一個時間點之後，再進行比較。

原來如此…

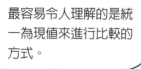最容易令人理解的是統一為現值來進行比較的方式。

那麼，我們只要將未來的金錢乘上「0.971」或「0.907」就可以了吧！

正是如此！

像這樣，為了換算成現值所使用的數值稱為**折現因子**（Discount factor）。

做成圖表的話…

	第一年	第二年	合計
① 現金流量（收取）	500,000	500,000	1,000,000
② 折現因子	0,97087	0,90703	
① × ② （現值）	485,437	453,515	938,950

現值的總合為 938,950 日圓是現金流量的價格！！

沒錯！

接下來只要將想要進行交換的對象的現金流量的現值調整為相等的話，

任何東西都可以交換囉！

84

呼～！！

總算感覺有點了解財務工程了！！

這樣就太好了。

那來偷偷地問…

怎麼了？

那個女孩就是你的女朋友吧～？

什──麼！！

被我說中了吧～？
小優你不能冷落人家喔～～

不…

不是那樣啦──！！

85

衍生性金融商品理論的基本想法

市場價格由將來的預測來決定

在漫畫中所說明的內容中包含兩個很重要的概念。

首先，第一點是**市場的價格包含了對將來的預測**，我們來稍微複習一下。

想要以兩年期運用資金的情形有：

❶ 首先第一年先以現今的年利率來運用，剩下的一年再以一年後的年利率運用

❷ 以兩年期固定利率運用

這兩種想法。

假設現在的一年期的利率為 3%，兩年期的利率為 5%，兩年間所收取的利率，如果是 ❶ 的情形，則「第一年的利率 3%＋第二年為第一年後的一年期利率 X%」，❷ 的情形則為「第一年 5%＋第二年 5%」，當這兩者被認為是同等價值時市場才會成立，❶ 3%＋X% ≒ ❷ 5%＋5%，所以 X% ≒ 7%

嚴格來說，將一年後的利率和兩年後的利率用現值來比較，即使同樣的 1%，在價值上也會有些許的差異，因此 X% 不可能正好是 7%，而是大約為 7%

在此，重要的地方是兩年期利率的 5% 是現在的一年期利率 3% 和一年後的一年期利率 X% 的（大約）平均，是包含將來預想的值。

如法炮製，三年期的利率為第一年（現在的一年期利率）

3%、第二年（一年後的一年期利率）X%和第三年（兩年後的一年期利率）Y%的（大約）平均，如果三年期利率為6%，（3＋7＋Y）÷3≒6，則可以得出Y≒8的結果。

如上述，可以從兩年期利率或三年期利率算出一年後的一年期利率或兩年後的一年期利率，這些將來時間點的利率或價格稱為遠期利率（Forward Rate）。

○遠期利率的概念○

假設
> 一年期利率：3%
> 兩年期利率：5%
> 三年期利率：6%

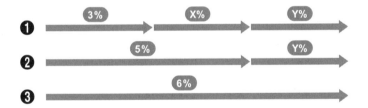

那麼應該是❶❷❸哪一個模式都不會發生明顯有利或不利的情形……

（←如果可能發生有利或不利的情形，交易會集中於某個特定的模式，則利率會進行修正）

如果預想
> 一年後的一年期利率（X）：約7%
> 兩年期的一年期利率（Y）：約8%

↑
這稱為遠期利率

我在第一章說明「遠期契約交易」時，曾提到進行一年後的外匯遠期契約交易會使用和現在的外匯利率有些許差異的利率，這是因為遠期契約正是使用這種遠期利率的交易。

這種遠期利率可以說是市場所預測未來的利率或價格，當然市場的參加者是抱持著各式各樣預測的人，這些做了各式各樣預測的人重複進行交易的結果會形成最平均之預測值。

以這個例子來說，X = 7%、Y = 8% 是市場預估將來一年期利率的平均預測值，如果你認為現在 3% 的一年期利率，在一年後變成 4%，兩年後最多只會漲到 5%，那麼就可以使用浮動利率去借款，結果若符合你的預測，則可以節省借款的成本。

相反的，若是擔心一年後利率變為 10%，兩年後上昇至 12% 的話，則可以使用固定利率借款，這樣一來就可以避開利率上昇的風險。

無套利機會（Arbitrage-Free）的大原則

如果市場會依照預測變動，則不管是固定利率或是浮動利率，損益都不會改變，這樣的思考方式不只限於利率，還可以擴大思考到其他各式各樣的對象。

例如，投資債券或是投資股票，在財務工程上「如果債券價格或股價的走向等同於將來預測時，則損益是不會有變化的」是成立的，不論你是操作日圓或是美金，其結果亦是相同的。

而且，與市場已密不可分的將來預測，是經由為數眾多的市場參加者不斷地重複進行交易中所形成，因此基本上較特定個人的預估還要值得信賴。

總而言之，只要是以可信賴度最高的將來預測為依據，那

麼不論是要以浮動利率借錢還是以固定利率借錢、投資債券還是股票、操作日圓還是操作美金，對於損益的期望值是不會有變化的。

當然這些都是關於期望值的說明，實際上還是會在一年後或是兩年後，依據這段時間所發生的變化，而有明確的損益產生。只是在當下的預測看來，在市場上所交易的商品的損益期望值可以說是相同的。

這種想法稱為**無套利機會**（Arbitrage-free），所謂套利是指明顯產生有利或不利的狀況，中文以較艱澀的說法稱呼為**裁定**（或是裁定機會），「Free」是和無酒精（Alcohol-free）的「無」意思相同，因此無套利機會意指不會發生明顯有利或不利的情況。

這個無套利機會之概念正是財務工程的最基本概念，正因為有此概念，所以財務工程不論是債券、股票或是不動產，任何對象都可以並列處理，且不同的商品也可以進行交換。

總之，因為有無套利機會之概念，財務工程才能發展至現今的規模，並且可以廣泛地被運用。

這個段落是進入到財務工程上級篇非常重要的部份，首先請務必記住「**財務工程是以在市場交易的商品不會發生明顯有利或不利的情形為前提**」。

☘ 「**無套利機會的原則**」如下所述
- ➲ 市場的價格中已包含市場上平均性的將來預測。
- ➲ 如果預測準確時，各式各樣的金融交易將不會發生明顯有利或不利的情形。

現金流量的現值為何？

有兩個定義的現金流量

在此章的漫畫說明中還包含另一個重要概念，即「現金流量的現值」。

現金流量之於財務工程可說有如心臟一般重要，在我開始詳細說明之前，先要與您簡單地對於名詞做個定義上的確認。

在金融商務上，對於現金流量這個名詞大略有兩個使用方法，不論是何者皆指「金錢的流量」，只是使用方法稍有不同。

一個是指在財務工程上所使用作為「**金錢收入和支出的預定表**」的現金流量，在本書中所登場的現金流量就是這個意思。

另一個則是在企業財務中所使用的現金流量。這個意指「**在一定的期間內企業收付現金後之收支**」，也可以說是從現金流量看企業的收益狀況。

在金融商務上任一種 "現金流量" 都經常地被使用，所以，請注意不要混淆。

✎「現值」是以折現因子（Discount Factor）得出

將來的現金流量乘上由利率所導出的折現因子，即可換算成現在的價值（現值）。這種作法是將現值「折現」。只要利率是正數的話，折現因子就會小於1，而且只要把將來的現金流量換算成現值時，其金額一定會變小。

接下來，我們來複習折現因子的部份。現在的1日圓，以一年到期年率r進行運算後，可得「（本金）1＋（利息）1×r」，也就是（1＋r）日圓，現實生活中比1日圓還要小的金額並不存在，但是在此不論是再小的金額也都請考慮進去。

現在的1日圓＝1年後的（1＋r）日圓。將等式的兩邊都除上（1＋r）後，現在的1日圓／（1＋r）日圓＝1年後的1日圓，由此可以算出一年後的1日圓之現值。這就稱爲**折現因子**。將來的現金流量金額乘上這個折現因子，就可以算出其現金流量的現值。

一般來說，折現因子是用以下的算式求出。

折現因子＝1／(1＋r)^n
r：利率
n：期間（年）

這時所使用的利率r稱爲「**折現率**」（Discounting Rate）。由於這是換成現值時所使用的利率，所以稱爲折現率。

那麼這個折現率該使用什麼利率呢？

折現率是使用名為即期利率（Spot Rate）的利率，所謂即期利率是定義為「中途不會支付利息的現金流量報酬」的利率。

○即期利率的概念○

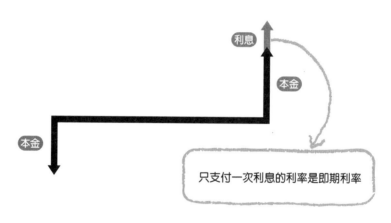

只支付一次利息的利率是即期利率

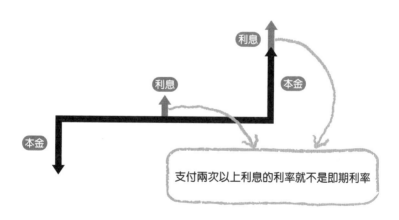

支付兩次以上利息的利率就不是即期利率

如同我在第一章所說明的，交換契約交易有銀行同業間交易的拆款市場。在此所使用的交換契約之固定利率稱爲交換利率（Swap Rate），這就是折現率的基礎。

但是由於交換利率會在中途發生支付利息的情形（例如，每年一次或每六個月一次），嚴格來說，不能稱爲即期利率。因此將交換利率轉換成即期利率，以當作折現率來使用。

交換利率的計算方法有點複雜，本書中不進行說明，如果你沒有打算要成爲專家，這部份不知道也沒有關係。只要在腦中記住**折現率是以銀行間交換利率爲基準所使用的即期利率**。

現值是所有金融商品的共同基準

在漫畫中曾提到的所有金融商品皆爲「可用現金流量表示」，現金流量可以用現值的形式進行價格的評估，換句話說，我們能肯定地說：「**所有的金融商品**都可以用現金流量來表示，而透過計算此現金流量的現值，便可以**評估價格**」。

事實上，這個想法對於財務金融理論及實際的金融商務有很大的影響。因此，此想法的產生也被譽爲「現值革命」或「即期利率革命」。

在此之前，量測金融商品的價值基準，多會依金融商品不同而有不同，且使用的基準較不嚴謹。

其中一般最常被使用的是名爲「報酬」的基準。如果是報酬，則不論是債券、股票或是不動產等實體資產都可以進行

計算，但是「報酬」這種最普遍熟悉的基準，其實是非常的模稜兩可的，在財務工程上已證明其容易招致誤解。

即使同樣是「報酬」也會因定義或計算方式的不同，而導致數值產生非常大的變化，再加上每種金融商品，其計算的前提不一樣，因此要以「報酬」作為評估價格的基準是非常不適合的。

總之，只要金融商品的種類不同，評估價值的基準就會有差異，因此要並列一起比較是非常困難的。

但是，「金融商品以現金流量表示，並以其現值來測量其價值」的想法，是任何金融商品都可以適用同樣基準的，結果是，總算可構築出貫穿財務金融理論的共通理論基礎。

這個想法一般被稱為**現金流量折現法**（DCF, Discounted Cash Flow）。

即使在過去沒有明確價值基準的不動產市場，目前已能接受此想法，現在「收益法」（Income Approach）已經相當普及了。其結果使得不動產成為可以和金融商品並列比較的商品，以及透過證券化（※）或不動產基金化（※），不動產的"金融商品化"也正在進行中。

併購企業時要算出併購企業的價值也是運用同樣的想法。現今，由金融機關或基金等的併購高爾夫球場、旅館，或是經營不善的企業等的例子不斷增加，而支援這些作法的仍然是透過DCF法進行企業價值評估的動作。

※ 所謂「不動產證券化」是將不動產衍生的將來現金流量包裝後發行債券，而債券的持有者依其債券的種類及金額，將「部分地」持有此不動產。「不動產基金化」將是由投資者集結資金後的基金來持有不動產，而不動產所衍生的現金流量

將分配給投資者。資金的出資者也將依其出資金額，「部分地」持有此不動產。

🖊 股票也是現金流量的集合體

接下來，我們來看看使用於股價評估的DCF法。

企業支付稅金後的收益，可當作股息發還給股東，或是做為「保留盈餘」留存在企業內部，不論哪一種方式，收益都歸屬於股東，因此可以視為相同。

只要企業存續，並且一直有利益出現，每年都會產生這類歸屬於股東的利益。

也就是股票是「表示企業每年稅後盈餘的利益歸屬權之證書」。

因此，也可以這麼解釋，**企業在存續期間所產生稅後盈餘之現值的總合即是現在的股價。**

例如，假設某一稅後盈餘為10億日圓的企業，發行1億股的股票。「10億日圓÷1億股」，所以每股可以有10日圓的利益可分配。

假設此企業今後20年仍繼續經營，每年會有10億日圓的稅後盈餘，而股票的發行數仍維持1萬股的狀態。如此一來，20年間，每年每一股會產生10日圓的利益，總額就會變成「10日圓×20年」為200日圓，換算為現值當然比200日圓還要小，在此假設現值是130日圓。

這種情況下，這家企業的股票價值就會是130日圓。

當然實際的情形會更複雜的。

只要是成長中的企業，每股盈餘逐漸增加是合理的，如果

是起伏激烈的企業，可能某年每股盈餘是30日圓，但某年可能只有5日圓，可以想見，預測的精確度會降低。此外，此企業或許有可能撐不到20年而突然倒閉。

因此企業的股價是，

❶ 目前的每股盈餘

❷ 每股盈餘的預估成長率

❸ 達成每股盈餘的預估成長率的準確度

❹ 中途倒閉的可能性

❺ 將來的利益計算換算成為現值的利息

由這些要素來決定的。

○「股價＝股票的現金流量現值」○

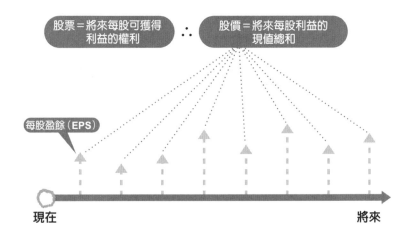

　　由於影響股價的要素增加，因此股價的計算式變得更加複雜，而且，又非得考量人爲判斷的主觀要素，但是想法本身和「算出現金流量的現值」是沒有差異的。

　　原本現實中的股價便是透過市場的買賣來決定的。因此作爲現金流量的現值所算出來的股價稱爲**理論價格**。

　　理論價格可用於判斷實際股價是被低估且具吸引力的？或是股價過高且不具吸引力？如果「實際的股價＞理論價格」則代表股價過高，如果是「實際的股價＜理論價格」的話，則代表股價過低。

　　另一種情況是當「實際的股價＝現金流量的現值」，則可以透過反推每股盈餘的成長率，來得知現在的市場對於該企業所期待的利益成長率，或是計算該企業的倒閉機率。

　　如此的思考方式廣泛地受到很多股市分析師等專家運用。股市分析師是預測哪支股票可能會上漲的專家。實際上他們使用很多分析的手法進行預測，其中 DCF 法甚至財務工程的理論，可以說是現今所不可欠缺的。

重點摘要

❀ **何謂現值**？

　➲ 現值是透過〔將來的金額×折現因子〕所算出來的。

　➲ 折現因子是從〔1／（1＋r）^{n}〕算出來的。此時的 r（折現率）中使用了名爲即期利率的利率。

　➲ 所有的金融商品均可用現金流量表示，因此可透過現值的計算來評估價格。例如做爲股價分析基礎的理論價格也是用相同方式計算出來的。

整理交換契約的種類

〔交換契約的種類❶〕利率交換

漫畫中向荣荣子說明的固定利率和浮動利率的交換契約，正式名稱為利率交換（Interest Rate Swap），利率交換定義為「以**相同貨幣，交換不同種類的利率之交換契約**」。

利率交換包含非常複雜的現金流量交易，但是銀行或券商同業在銀行間拆款市場交易時，一般都是進行已規格化的交易。

銀行間拆款市場通常都是以10億日圓以上為單位進行交易，交易期間約為1年～30年左右。浮動利率中最常使用的是稱為LIBOR的利率。

所謂LIBOR是以在倫敦交易的銀行同業拆款（銀行同業借貸）的基準利率，會於每日進行公告，它是London Inter-Bank Offered Rate之簡稱，而所謂 "Offered Rate" 是指某銀行「以此利率出借資金」之利率。順便一提，只要是主要國家的貨幣，如日圓或美金等，LIBOR都會公告。

浮動利率在漫畫中所做的說明是當時的市場所使用的利率，而利率水準和銀行同業間的交易或是其他情形會有些微妙的差異，又因為利率是不停地在變化的，所以如果不在事前先決定利率的特定方法，日後可能會產生爭議。LIBOR會於每天公告一次決定的利率，因為被視為信賴性高的指標，所以可以令當事人雙方安心地使用。

LIBOR 有分爲一個月期至一年期等各種期間，一般最常使用的是六個月期。以浮動利率來說，一開始適用當日的六個月期 LIBOR，由於適用期間爲六個月，所以在六個月後會進行利息清算，之後再重新以當時的六個月期利率做爲下一階段六個月內的適用依據，也就是每六個月利率會產生"浮動"。

一旦決定金額、期間，浮動利率使用六個月期 LIBOR 之後，接下來只要決定可以和此浮動利率交換的固定利率，交易條件即可成立。

譬如，某銀行想要在銀行間拆借市場進行交易，它提出的條件爲「50 億日圓、期間爲 10 年（只要沒有特別指定時，則以使用六個月期的 LIBOR 爲前提）收取（Receive）1.5% 的固定利息（收取固定利息而支付浮動利息）」，只要能找到交易對象，交易則可成立。

順帶說明一點，一般稱支付固定利息以收取浮動利息的情形爲「支付（Pay）」，特別以 Receive 或 Pay 來稱呼，主要是爲了要區分該項交易是以固定利息爲基準收取或是支付。

另外，已規格化的基本型態的交易稱爲基本型利率交換（Plain Vanilla Swap），Plain Vanilla 是指冰淇淋的基本香草口味，而 Plain Vanilla 的說法不只限於利率交換，接下來將要說明的貨幣交換（Currency Swap）或是選擇權也都有使用。

仔細想想被比喻成「普通的香草口味」的冰淇淋，或許正是可以充分表現衍生性金融商品的特徵。實際上冰淇淋有各式各樣的口味，常常會有新口味被開發出來，或是幾種不同口味組合成新口味，但是最基本不可欠缺的仍是香草口味。

衍生性金融商品也是如此，它具有各式各樣的組合，並常常會有新商品被開發出，或是幾種不同種類共同組合成新商品，這些都是因為有基本型的交易才能發展出來，就猶如香草冰淇淋和其他各種口味的關聯性一樣。

在此整理銀行間拆借市場所進行的基本型利率交換契約的特徵。

基本型的利率交換契約的特徵

- 交易金額通常以10億日圓為單位
- 期間是1年至30年（通常是以一年為單位所以不會有尾數）
- 浮動利率是使用六個月期的LIBOR（每六個月支付利息，再重新以當時的六個月期LIBOR為基準）
- 固定利率是指交易期間都適用同一個利率（利息支付配合浮動利率所以每六個月進行一次，例如固定利率的年率為5%，則每半年等於支付5%的半年份，也就是2.5%）
- 收取固定利息支付浮動利息為收取（Receive）
- 收取方當利率下跌時（浮動利率的支付變少），則有獲利，但利率上揚時會造成損失
- 支付固定利息收取浮動利息為支付（Pay）
- 支付方當利率上揚時會有獲利，利率下跌時則會造成損失

銀行 ALM 和利率交換契約

利率交換契約的發展和**銀行 ALM**是無法切割的。ALM 是風險管理的一種，取 Asset Liability Management 的頭一字母做為略稱，中文稱為資產負債管理。

我們來看看具體的例子。

為了簡化說明例，我們假設某銀行只以六個月期定期存款募集資金，而其利率是 0.1%。當六個月到期後，依市場重新決定新的利率，到時必須要讓顧客重新適用定期存款，或是再找其他的新定存客戶。

另一方面將這些定期存款募得的資金，以固定利率 2% 借給往來的企業五年作為工廠建設資金。

借出的資金可收取 2% 的固定利息，而銀行方面只要支付 0.1% 的定期存款利息，至少最初的半年可以有 1.9% 利息的利潤。

但是，貸款的資金是以固定利率計算，所以五年間的利率是不會改變的，相較於此，定期存款則是每半年要所支付的利息，須看當時市場狀況而定。

假設五年間定期存款的利率都維持 0.1%，那麼這五年間都可以維持 1.9% 的利潤，但若是定期存款利率每半年上升 0.5%，那又會是什麼樣的情形呢？

總支付額變成「0.1%÷2（半年份）＋0.6%÷2＋1.1%÷2＋……＋4.6%÷2＝11.75%」，結果會比借款利息所收到的總收取額（2%×5 年＝10%）還要高出很多。總之這一連串的存款貸款交易，由最初看似獲利，但最後卻成為大赤字交易。

為了避開這樣的風險，首先有將貸款的利率和存款的利率

種類相組合之方法。

例如，由於貸款為5年的固定利率，如果存款利率也是5年的固定利率，則雙方都是固定利率，假設存款利率為1.5%，則貸款2％－1.5％＝0.5％的利益是可以確定的。

但是，定期存款大部分的期間都是較短的，有時不得不變更交易條件來募集新的定存戶，並不是那麼容易可以達成的。

這種情況下，只要貸款利率配合存款利率每半年變動一次就可以解決問題了。例如，假設每半年的借款利率為當時存款利率加上0.5％，定期存款利率如果上昇至0.6％，則貸款利率等於「0.6％＋0.5％＝1.1％」，如果定期存款利率變成1.1％，則貸款利率等於是「1.1％＋0.5％＝1.6％」，即使定期存款利率再怎麼變動，都會經常保有0.5％利益的。

但是該筆借款是具有長期性需要的工廠建設資金，因此從借款企業的立場來看，利率若是固定的，則或許可以訂定許多資金計劃。

像這樣伴隨著利率變動所發生的存款貸款風險，可以透過組合存款和貸款的利率種類迴避風險，但是也有可能因為各種因素而使得組合無法順利成功。因而有利率交換契約的出現。

在下一頁圖中將僅就利率的流向作說明。此銀行為了規避風險，只要以支付五年的固定利息，與每半年收取浮動利率的利息之利率交換交易即可。

其結果是以利率交換契約收取的浮動利率利息來支付定期存款的利息，另一方面，又以借貸的2％固定利率利息來支付利率交換契約的1.5％利息，其中的0.5％差額，則無論定期存款的利息如何變化，最後銀行還是會有盈餘。

○ALM的概念○

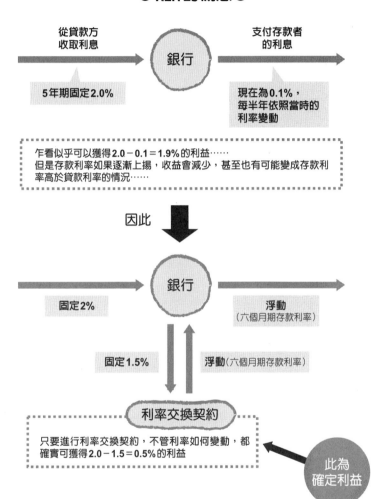

從貸款方
收取利息

銀行

支付存款者
的利息

5年期固定2.0%

**現在為0.1%，
每半年依照當時的
利率變動**

> 乍看似乎可以獲得2.0－0.1＝1.9%的利益……
> 但是存款利率如果逐漸上揚，收益會減少，甚至也有可能變成存款利
> 率高於貸款利率的情況……

因此

銀行

固定2%

浮動
（六個月期存款利率）

固定1.5%

浮動（六個月期存款利率）

利率交換契約

> 只要進行利率交換契約，不管利率如何變動，都
> 確實可獲得2.0－1.5＝0.5%的利益

此為
確定利益

像這樣**透過組合借出（資金運用）和存款（資金調節）的利率種類，無論將來利率如何變化都能加以控制並確保一定獲利者**稱為 ALM。

當然，一般的銀行都有大量的存款交易和大量的借貸交易，其條件也是各有不同。為了管理全體的風險，需要更複雜且高度的 ALM 技術。

但是，無論如何，對於這些銀行 ALM 來說，利率交換契約是不可欠缺的手段，在具有天文數字般的規模中，市場利率交換契約發展至此，其中因應銀行的 ALM 交易需求可說占了很大的比重。

〔交換契約的種類❷〕貨幣交換

交換契約除了利率交換之外還有各式各樣的商品。

僅次於利率交換的熱門交易是貨幣交換（Currency Swap），此為**「進行不同貨幣的現金流量交換契約」**。

以具體的例子來說，在此介紹稱得上是歷史上交換契約的第一號案件「世銀・IBM 交換契約」。

世銀也就是世界銀行，是由各先進國家出資成立的特殊銀行，因為倒閉的可能性幾乎為零，且世界性的知名度相當高，因此它均可以用較低的利率調度各種貨幣資金。例如調度美金時，僅需支付 7% 的利息，調度瑞士法郎時，則需支付 4% 的利息，即可以調度到資金。

另一方面 IBM 是美國的巨大電腦企業，雖然說倒閉的可

能性非常低，但是畢竟是民間企業，我們無法斷定它能像世銀一樣，倒閉的可能性幾乎爲零。而且它雖然屬於世界級的大企業，但畢竟是美國企業，在瑞士或許還是會有人不熟知。

結果，當 IBM 調度資金時，若是美元則必須支付 8% 的利息，若是瑞士法郎，則必須支付 6% 的利息。與世銀調度資金的狀況相較之下，IBM 在美金部分需多支付 1%，而瑞士法郎需多支付 2% 才能調度到所需資金。

在此假設，世銀需要調度美金，而 IBM 計畫擴大在瑞士的事業而需要瑞士法郎。世銀和 IBM 究竟要以多少利率才能調度到各自所需要的資金呢？

簡單地來想，世銀可用 7%（美金），而 IBM 可用 6%（瑞士法郎），調度到所需資金。

但是 1981 年時，在同樣的狀況下，美國的投資銀行所羅門兄弟（Salomon Brothers，現在的花旗集團）提出跨時代的提案使雙方的資金調度利率都可以降低。

所羅門所提案的劃時代交換交易第一號案件

所羅門所提案的是 ❶ 世銀以 4% 利率調度（不需要的）瑞士法郎資金 ❷IBM 以 8% 利率調度（不需要的）美金資金 ❸ 世銀和 IBM 互相交換現金流量（請參照第 109 頁的圖）。

也就是說，世銀調度的瑞士法郎資金轉給 IBM，而 IBM 調度的美金資金轉給世銀。

接下來是世銀所調度的瑞士法郎必須支付 4% 的利息，關於這部份全部由 IBM 接收，所以世銀實質上不需要負擔。

另一方面，IBM 所調度的美金資金必須支付 8% 的利率，

這部份由世銀負擔其中的6.5%利率。

結果，世銀完全不需負擔瑞士法郎的利息，因此僅需負擔調度美金的6.5%利率給IBM，即僅負擔6.5%的利率即可調得美金資金，與單純進行調度美金的7%利率相較之下，可以節省0.5%的利率。

IBM支付調度美金的利率8%，但從世銀只能收取6.5%，相減之下，產生必須負擔美金的1.5%利率，但是支付給世銀調度瑞士法郎的利率只要4%即可，和IBM本身調度瑞士法郎的6%利率相比，在可以節省2%的利率之下便可調度到瑞士法郎，減掉調度美金所要負擔的利率1.5%，也可以節省0.5%的利率。

總而言之，以調度雙方所不需要的資金進行交換的交易，可以達到節省雙方的利率負擔的目的。這是個完全呈現出能讓雙方都獲得好處的衍生性金融商品的特徵。

如上所述以交換不同貨幣的現金流量來交易的貨幣交換契約和利率交換契約並列為最常被使用的交易。

○世銀‧IBM交換契約的構造○

發行債券

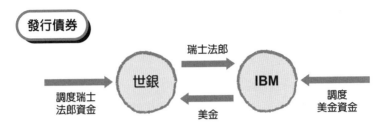

世銀發行瑞士法郎債券，IBM發行美金債券，將各自調度的資金進行交換。

支付利息

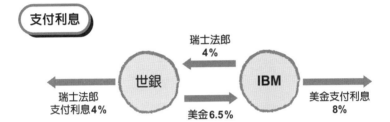

- IBM支付世銀瑞士法郎的4%利息，世銀支付IBM美金利息6.5%
- 世銀收取和支付瑞士法郎的4%利息相抵消為零，僅需支付美金利息6.5%
- IBM額外支付美金利息1.5%，但瑞士法郎僅需支付4%利息，等於支付瑞士法郎5.5%利息

償還債券

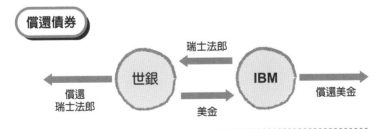

交換各自的償還資金，世銀償還瑞士法郎債券，IBM償還美金債券。

交換契約有哪些種類？

- ⇒ 交換契約有很多種，其中最具代表性的是「利率交換」和「貨幣交換」。

「利率交換的特徵」？

- ⇒ 所謂利率交換是「以相同貨幣交換不同種類的利率之交換契約」。
- ⇒ 一般而言，交換固定利率和浮動利率，浮動利率使用稱為「LIBOR」的利率。
- ⇒ 固定利率的收取方在利率下跌時會有獲利；但固定利率的支付方在利率上揚時會有獲利。
- ⇒ 利率交換由於銀行ALM（資產負債管理）的需求而有急速的發展。

「貨幣交換」的特徵？

- ⇒ 貨幣交換是「交換不同貨幣的現金流量之交換契約」。
- ⇒ 透過貨幣交換有時可以大幅節省調度資金的成本。

第**3**章

和**菜菜子**一起學 選擇權和隨機 漫步理論，以及 選擇權評價模型

你怎麼了？
突然把我約出來這種
地方…

果然在…

歡迎
光臨！

小優…

嗚──哇！！

喂！
別鬧了！！

人家～～～！！

嗚

喂，請冷靜一下！
到底發生了什麼事…？

嗚嗚…就是…
那天我跟已經畢業、好久
不見的學長碰面……

抽

泣

了解

那個學長超帥的
就在我即將報到的那家銀行
上班……

妳該不會是因為學長在那
家銀行，才決定去那裡上
班的吧？

點頭

明明好不容易可以見面聊天⋯⋯
他卻⋯⋯

原來如此！
聽起來學長的工
作很順利呢！

我明年開始也
會跟你在同公
司上班喔！

啊，
對了！

部門裡有個大我
兩歲、能力很強
的女前輩！

女生!?

手腕相當
幹練！！

我真崇拜
那樣的女性啊—

是⋯是這樣
的嗎⋯⋯

抓
緊

崇拜…
說不定已經神魂
顛倒了！！

菜菜子妳也要以
成為那樣的女性
為目標喔！

好…好的。
了解了…

原來是這樣啊！

真是—！！
我不要去銀行上班，也不
要學財務工程了啦！！

怎麼可以這
樣！！

！！

妳喜歡那個學長吧？

…嗯

那才更要認真學。讓他刮目相看！！

對喔……

沒錯！！

是的。我相信妳一定可以的。

謝謝……
把小優約出來果然是明智的選擇！！

那麼你快點講接下來的課吧！！

好！！

今天主要是講股票。（日文的股票音似蕪菁。）

啊～、那個煮味噌湯很好吃耶！

對啊！

可是，今天要講的不是蔬菜，而是與財經相關的股票！！

不好意思

…是

假設菜菜子想要投資某某股份有限公司。

○○公司

也就是購買某某股份有限公司的股票，對吧？

沒錯！

如果某某股份有限公司的業績好，股價自然就會上漲，

○○公司

就可以期待有很大的獲益。

115

太好了—

相反的，如果業績惡化，股價就會下跌，

可能因此造成很大的損失。

真沮喪…

如果可以就像吃東西時，只選擇自己喜歡的東西吃，

而股票交易時，也可以有「股價上漲時可以獲利，股價下跌時卻可以避免損失的交易」，那不是很好嗎？

肉真好吃—

當然！！

不過，天底下沒有這麼好康的交易吧？

嗯—

就真的有！！

真的嗎！？

那叫做「選擇權交易」。

嗯～，這個名詞我有聽說過。

股價上漲時可以獲利，但是下跌時也不會有損失…

我把股價和損益的關係作成圖表後，

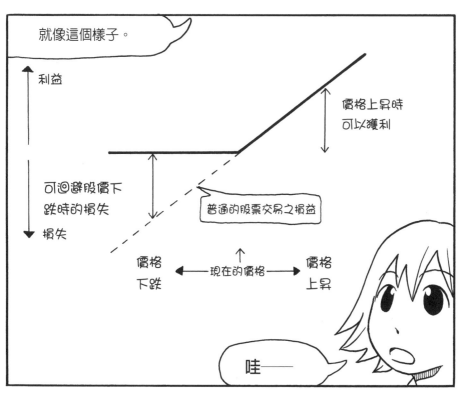

就像這個樣子。

利益

價格上昇時可以獲利

可迴避股價下跌時的損失

損失

普通的股票交易之損益

價格下跌 ←現在的價格→ 價格上昇

哇——

但是，這樣的交易對我來說，是單方面有好處的的交易對吧？我懷疑這樣的交易真的可以成立？

確實可以成立。
但是，通常會有附加條件：
「只要支付一筆交易費用」。

請收下。

支付交易費用

果然不出所料…

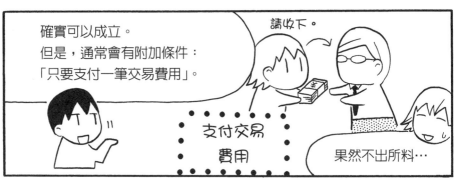

這就是「選擇權交易」，看起來雖然像是對某一方較有利，

但有利的一方必須支付該部分的費用給另一方作為報酬。

果然天下沒有白吃的午餐…

支付一筆費用來規避損失的風險則稱為「買進選擇權」。

買進選擇權

規避損失的選擇權

費用

選擇權

了解、了解。

相反的，如果接受具有損失風險的不利契約，

並收取對價的方式則稱為「賣出選擇權」。

賣出選擇權

選擇權

費用

風險

背負損失的義務

居然也可以這樣啊—？

驚訝

因為即使有要買進的人，只要沒有要賣出的人，交易就不會成立。

是這樣的啊…

選擇權的費用稱為
「選擇權權利金」。

選擇權

費用

費用＝選擇權利金

「買了選擇權」就絕對不會有
損失嗎？

當股價下跌時確實也不會有
損失產生。

哇

股票下跌

但是，

但是已支付的權利金
是不會退回來的，

錢

所以總損益必須扣除這
個部份。

這樣啊！權利金的部份也有可
能損失掉啊！

原來如此！

即使股價上漲，權利金的部
分也必須要事先扣除才行。

因此，加上支付的權利金後才是菜菜子的總損益，結果會變成這樣。

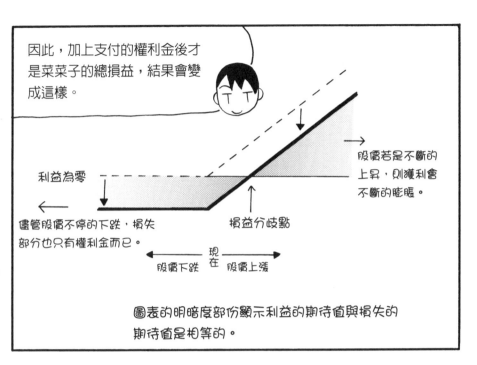

利益為零

股價若是不斷的上昇，則獲利會不斷的膨脹。

儘管股價不停的下跌，損失部分也只有權利金而已。

損益分岐點

股價下跌　現在　股價上漲

圖表的明暗度部份顯示利益的期待值與損失的期待值是相等的。

上面那個圖表，讓人感覺整體只下跌了權利金的部份耶。

結果看不出權利金的買方和賣方有明顯的利益或損失，

這是種具有「損失不會持續膨脹，利益卻有可能不斷增加」的

特性的特殊金融商品。

真神啊！！

 **買權和賣權**

我們假設選擇權的買方是菜菜子，賣方是某證券公司。

賣方

買方

好的。

如果股價的上漲幅度大於權利金的支付額，

結果對菜菜子有利。

哇——

好樣的！

相反的，如果股價的上漲幅度比權利金小，或是下跌，

則對證券公司有利。

哼…

我們可以把選擇權交易想成「以決定好的價格購買○○公司股票的權利」。

購買權利

這是什麼一回事？

例如菜菜子支付權利金，購得「以100日圓購買○○公司股票的權利」。

購買權利

然後呢？

即使股價上漲成每股120日圓，

菜菜子因為有「以100日圓購買○○公司股票買的權利」，所以可以用100日圓購買。

購買權利

雖然定價是120日圓，但是我賣給菜菜子100日圓。

喔—，原來如此，100日圓買進的東西可以用120日圓在市場上販售，所以可以賺得20日圓的價差。

沒錯！

相反的，假設股價下跌至80日圓。

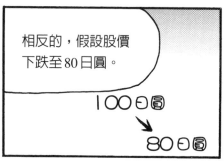

這個時候還非得要用100日圓去買嗎？

選擇權充其量不過是「權利」而已，

如果情況不利於自己，只要放棄權利就好。

你是說，這個時候我只要放棄權利，而不須買股票是吧！？

將這之間的損益用圖表示，就可以看出這跟之前的圖表是一樣的。

現價

利益

以100日圓購買的權利

此時放棄權利

股價下跌

現在

股價上漲

當然在放棄的同時還需付出權利的費用，也就是會損失權利金的部份。

會變這樣啊…

另一方面，從證券公司立場來看，這個「權利」就會變成「義務」。

義務

立場是相反的！

也就是說，菜菜子行使「購買權利」時，證券公司必須依照事前雙方約定的價格賣出。

哼

嘻

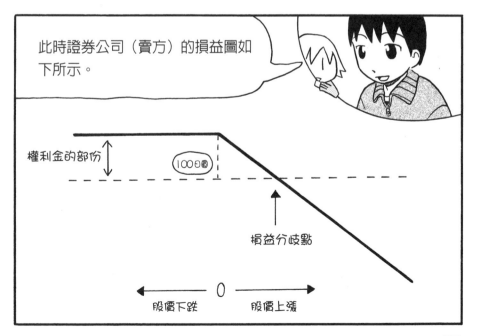

此時證券公司（賣方）的損益圖如下所示。

權利金的部份

(100日圓)

損益分歧點

0

股價下跌　　股價上漲

而買了「購買權利」的我的圖表部份正好跟證券公司相反。

「購買權利」稱為「買權（Call Options）」，

實際上也有賣出權利，在此稱為「賣權（Put Options）」

「賣出權利」？

沒錯！

假設，買進「以100日圓賣出的權利」的情況。

好混亂～～～

如果買入「以100日圓賣出的權利」的股票，有一天股價下跌到80日圓時，

股票
80日圓
100日圓

哇——

實際上就可以將80日圓的東西以100日圓賣出。

價格下跌的部份會變成利益喔？……感覺有點奇怪。

如果股價上漲，放棄「賣出的權利」不就好了。

賣出的權利

丟棄

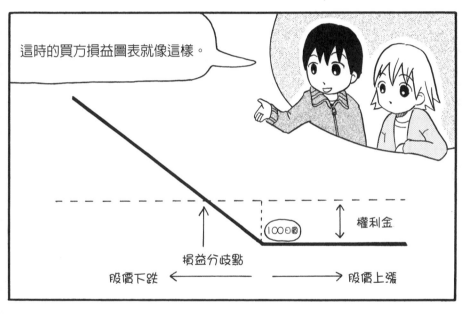

這時的買方損益圖表就像這樣。

權利金

一○○日圓

損益分歧點

股價下跌 ← → 股價上漲

這和買進「購買的權利」的情形剛好形成左右對稱。

買

賣

哇——

接著從賣方來看「賣出的權利」的損益就會變成下面的圖表。

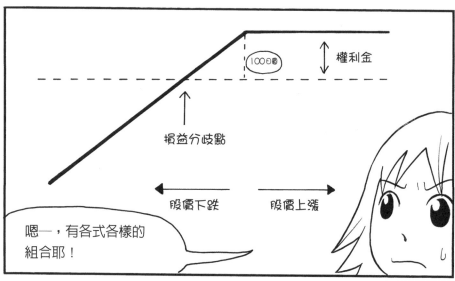

權利金

損益分歧點

股價下跌　股價上漲

嗯—，有各式各樣的組合耶！

我來整理一下。
選擇權分為「購買的權利」的「Call」和「賣出的權利」的「Put」，

兩者分別有買進和賣出的情形。

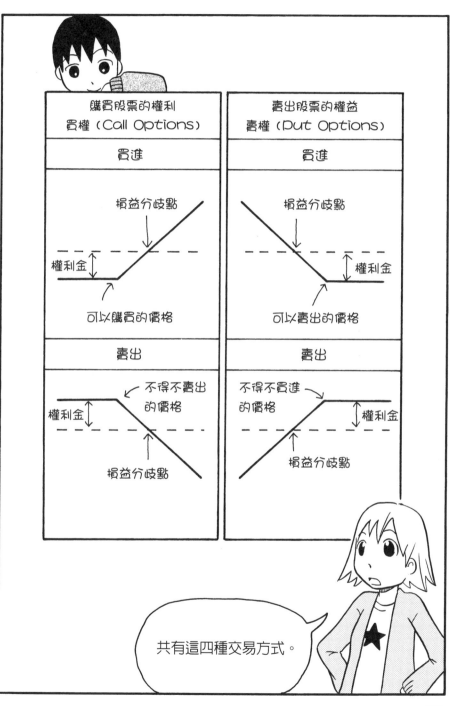

當菜菜子要購買○○公司股票的買權時，

就必須支付名為權利金的報酬。

是這樣沒錯！

那麼讓我們來思考一下，權利金的多寡是如何決定的。

好——

即使無法正確的預測未來，但是如果不能有某種程度的估算，

春天開始

去銀行上班

某種程度的估算

就無法決定這個金額。

沒錯！沒錯！

況且，未來的股價是無法確定的，
你可以想成，也許會維持現在的 100 日圓，

也可能變成
110 日圓，

還有可能變成 90 日圓。

你是說可以推測變化的幅度？

正是如此！

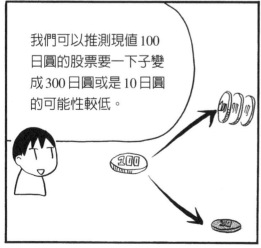

我們可以推測現值 100 日圓的股票要一下子變成 300 日圓或是 10 日圓的可能性較低。

只要沒有特別的情形發生。

在此假設，
股價半年內可能會上漲 10
日圓或是下跌 10 日圓，

再假設兩者發生的機率大約各是 50%。

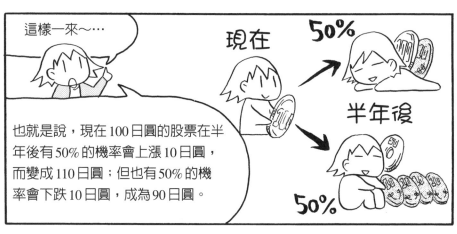

這樣一來～…

也就是說，現在 100 日圓的股票在半年後有 50% 的機率會上漲 10 日圓，而變成 110 日圓；但也有 50% 的機率會下跌 10 日圓，成為 90 日圓。

因此，首先我們先想想變成
110 日圓的狀況。

好！

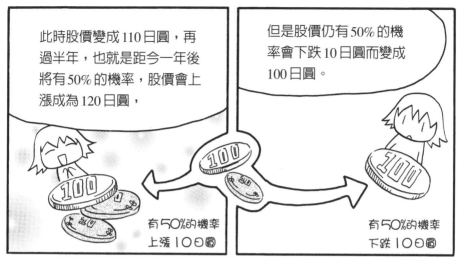

此時股價變成110日圓,再過半年,也就是距今一年後將有50%的機率,股價會上漲成為120日圓,

但是股價仍有50%的機率會下跌10日圓而變成100日圓。

有50%的機率
上漲10日圓

有50%的機率
下跌10日圓

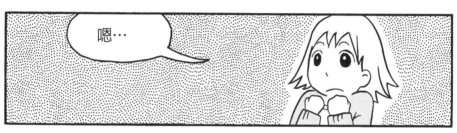

嗯…

也就是說,一年後股價變成120日圓的機率是

那麼,變成100日圓的機率也一樣是25%囉!

一開始的110日圓的機率50%乘上變成120日圓的機率50%,結果會變成(50%×50%)的25%。

沒錯!

接下來，我們來想想，如果半年後變成90日圓的情況。

好！

跟剛剛的情形一樣，上漲10日圓，一年後會變成100日圓的機率是25%，

而下跌10日圓變成80日圓的機率仍然是25%。

也就是說，將兩者相加，一年後變成120日圓的機率是25%，而變成80日圓的機率是25%，

那麼變成100日圓的機率是兩個25%，所以是50%，對吧！

我們把它做成圖示會變成這樣。

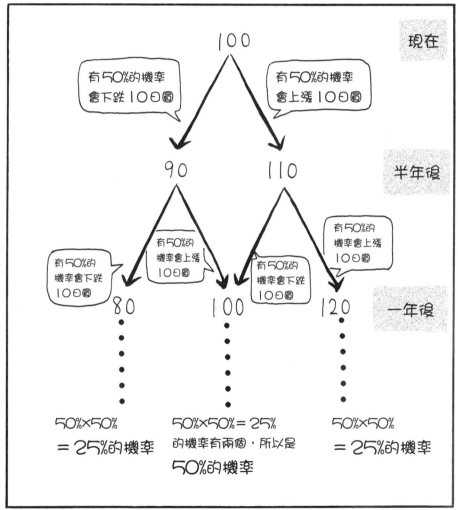

因為菜菜子買了選擇權的買權，

所以，一年後如果股價變成 120 日圓，只要執行「買權」，每股就可以賺進 20 日圓。

哇——

買權

嗯，

機率是 25%。

買權

如果股價維持 100 日圓不變的話，則不論有沒有執行「買權」，其獲利都是零。

買權

其機率是 50%…

嗯——

25%是120日圓　獲利＝20日圓

50%是100日圓

25%的機率是80日圓　獲利＝0日圓

獲利＝0日圓

另外，有25%機率會變成80日圓的情況下，不執行「買權」而放棄時，則獲利為零。

唉！沒錯！

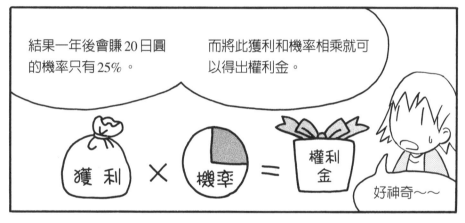

結果一年後會賺20日圓的機率只有25%。

而將此獲利和機率相乘就可以得出權利金。

獲利 × 機率 = 權利金

好神奇～～

也就是
20日圓的25%，
20日圓×25%（0.25）
＝5日圓，

這就是選擇權的權利金。

哦～！！那麼只要付5日圓就可以買到選擇權了！！

不，正確來說不是5日圓也可以喔！

啊─、為什麼！？

這個5日圓是一年之後的5日圓，現在交易的話就必須置換成現在的金額。

5日圓 ⟶ ？日圓

對喔～之前你有提到這個耶～

我想想…「折現因子？」

沒錯，只要乘上折現因子的值就可以了。

現值　終值
現金流量

原來如此～

假設折現因子是0.971，則
5日圓 × 0.971 = 4.855日圓。

小數點以下要怎麼辦？

當然沒有小數點以下的金額，這是每一股的價格。

1 股

也就是，如果想購買1000股，那麼就會變成4.855日圓 × 1000股 = 4,855日圓。

1000股

懂了～！！

我把這件事說得非常簡單化，當然實際上可是相當複雜的。

不過，我已經大略都懂了呢！

那真是太好了，再多講一點深入的內容吧！

好啊！

更深入的內容

通常投資人是在「只要新事業順利，營業額可能會成長」、

「因為原油價格上漲，使得XX公司利益將會減少」等預測之下，進行股票買賣的。

增

減

對啊！

也就是說，現在的股價已經反映了對於將來的明確預測。

所以，股價變動總是發生在至今沒有被預測到的、新的資訊產生時。

新資訊

原來是這樣啊！

但是新資訊會造成股價上漲或是下跌，都要等到消息進來後才會知道。

是沒錯啦…

因此，就好像每當小鋼珠遇到釘子時總會出乎意料地改變方向一樣……

或者是，喝醉酒時，身體總不由自主地會搖搖晃晃地走路一樣…

學長

股價總是以我們無法正確預測的方式變動。

為什麼要我喝醉呢！？

就好像喝醉時，自己也不知道下一步是會向右踏出，還是會向左踏出一樣，

股價的上漲還是下跌也是無法預測的。

這種變動就稱為「隨機變動」，

而事物像這樣不斷隨機變動的進行模式就稱為「隨機漫步理論（Random Walk）」。

喂！！

隨機漫步理論具有相當有趣的特性喔！

是什麼呢？

讓酒醉的人在一定的距離裡、從同一個起點開始走,並將最終抵達的地點作一個記錄……

然後重複這個實驗,觀察記錄酒醉的人會以何種機率到達各個地點的次數,

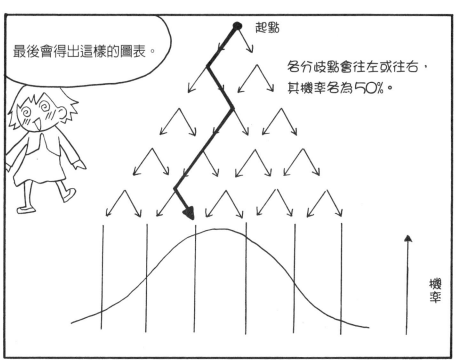

最後會得出這樣的圖表。

起點

各分歧點會往左或往右,其機率各為50%。

機率

可以看出,到達離起點近的地方機率高,而到達離起點遠的地方機率低!!

這樣的圖表稱為「常態分配」。

常態分配是以平均值為中心，呈現左右對稱的吊鐘形狀。

全部的形狀都相同嗎？

噹噹　　　　　　噹

左右的幅度會有所不同。幅度通常會有大有小。

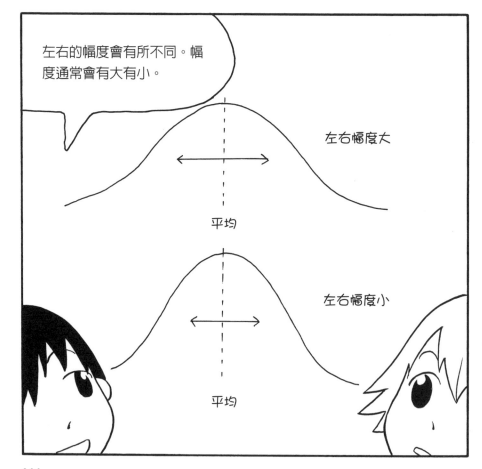

左右幅度大

平均

左右幅度小

平均

可是喝醉酒又有分步伐比較穩的、或是
爛醉到分不清方向與危險的啊！！

那為什麼
我要…

這種左右的幅度稱為
「**標準偏差值**」。

原來如此～

如果事先了解標準偏差值，就
可以預測股價可能會在哪一個
價格帶產生變化了。

對對對！

這樣的標準偏差值在金融業是
以專業用語「波動性（(Volatility)」
稱之。

真的難以啓齒…
那麼，波動性是如何算來的？

Vo La
Ti Lity

基本上，是參考該股票過去的變動程度而算出來的。

直接使用過去的數值嗎？

不不，

充其量只是將過去的數值當作參考來預測將來走勢。

不同的人所做的預測也會有差異，不是嗎？

正是如此！

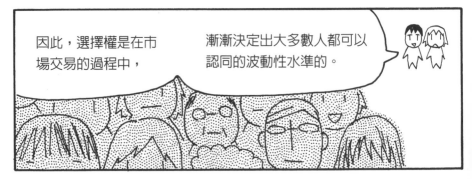

因此，選擇權是在市場交易的過程中，

漸漸決定出大多數人都可以認同的波動性水準的。

理論上來說，
波動性也就是只要知道圖形的
寬度的話，

就可以計算出變成某種價
格的機率大概有多少。

喔……

我看起來很會計算，但也只
是理論上的啦！

完全 不知道

只要知道賺○○日圓的可能性
是 XX%，就可以計算出選擇
權的權利金是多少，

所以只要知道波動性就
可以做同樣的計算。

原來如此…。但是，如
果每次都要算股價變成
△△日圓的機率是
XX%，

——計算不是非常辛
苦嗎？

做筆記

沒錯！！
在此登場的是選擇權評價模型
（Black-Scholes Model）

那是…什麼…

這是可以將妳所說的那個
龐大計算以非常簡單的公
式計算的模型。

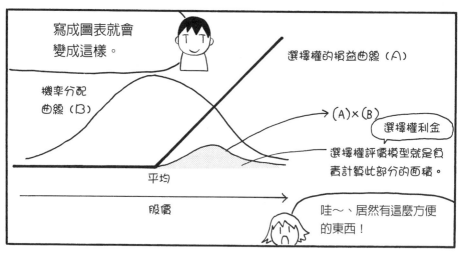

寫成圖表就會變成這樣。

選擇權的損益曲線（A）

機率分配曲線（B）

$(A) \times (B)$

選擇權利金

選擇權評價模型就是負責計算此部分的面積。

平均

股價

哇～、居然有這麼方便的東西！

這是由布萊克（Fisher Black）博士
及休斯（Myron Scholes）博士所提
出的，而此項研究還曾獲得諾貝爾
經濟學獎喔！

諾貝爾獎

很厲害的公式耶!？
但是這代表非常難的意思
吧？

還是還是搞
不清楚!

在數學上是相當困難的,
但實際上只要用電腦就可以簡
單地計算出來。

機械文明的
勝利!!

總…總之…

即使不知道這個公式計
算的過程或計算方法,

只要大概知道是什
麼東西就不會望之
卻步了。

哦

沒錯!沒錯!

好像有點信心了
呢!!

耶

你有精神了,真好!

「選擇權」或是、「隨機漫步」、「波動性」等等，

感覺只要記住這些很難的詞彙就立刻變聰明了～

是、是啊……

我剛剛雖然用很簡單的例子做說明，但在實際的市場中決定股價的變動方式的，

據說是跟隨機漫步理論所思考出來的結果很接近喔！

哇～！！

所以，股價的變動機率用常態分配表示是合乎理論的。

懂了！！

今天真是太感謝小優了！！

哪裡哪裡！
要保持現在這樣繼續努力喔！！

好！我要學習更多好對學長進行猛烈攻勢～～！！

今天我請客，盡量點你喜歡吃的東西吧！！

哇！
好吧！

那麼，
我先來點啤酒！

乾

杯

怎麼那麼快!?

現在才…才中午而已耶！！

理解選擇權的基本

選擇權是衍生性金融商品的精粹,同時也是最難的領域。

選擇權除了漫畫中說明的基本型態之外,還有各式各樣的商品,而選擇權的價格,也就是權利金的計算方法,除了選擇權評價模型(Black-Scholes Model)之外也有多種方法。

首先最重要的是要理解基本的交易型態和基本的想法,讓我在此為你稍作複習和進一步補充。

買權是什麼?

選擇權中包含有:以股票、債券或外匯等為標的資產,在將來的時間點以事先決定好的價格購買的買權,以及以同樣的方式賣出的賣權。

買權是假設現值 100 日圓的 A 公司股票一年後可以用 110 日圓購買的權利稱之。

實際可以行使權利之日,在這個例子中,即一年後的日期稱為**到期日**,至到期日為止的期間,也就是例子中的一年稱為**權利期間**。

順便一提,像這樣「在將來的某個特定日可以行使權利」的一般選擇權稱為「歐式選擇權(European Options)」,相較於此,也有「在將來的某個特定日之前的期間內隨時都可以行使權利」的選擇權,稱為「美式選擇權(American

Options）」。

而事先決定的購買價格，在此例中是110日圓，稱爲**履約價格**，或者是用英文表示爲 Strike Price。

如果 A 公司股價的市場價格在一年後超越履約價格時，則可以透過行使選擇權將差額的部份變成獲利。例如一年後股價變成120日圓時，行使以110日圓購買的權利，則可以用110日圓購入 A 公司的股票，由於可以將此股票以120日圓賣至市場中，因此可以獲得「120 － 110 ＝ 10日圓」的利益。

但是，爲了要購買此選擇權必須要支付代價，即爲權利金，如果權利金是10日圓，則和10日圓的獲利相抵銷，整體的獲利等於是零。

也就是購買買權要產生獲利的條件是，選擇權的到期日（這個例子爲一年後）**股價要上漲至超過〔履約價格＋權利金〕**。另一方面，即使股價下跌也不會產生超過權利金以上的損失。

如果有人「想要在股價上漲時獲利，但是或許會跟預期相反，股價反而下跌，因此想要事先迴避此風險」的話，可付手續費（權利金）購買權利交易。

換句話說，買權買方的人會是認爲「雖然股價上漲的可能性高，但不論是上漲或是下跌，價格可能會大幅變動」的人。

在這樣的條件下，首先，就不適合認爲「股價**絕對**會上漲」的人。因爲當股價上漲時，和直接購買股票的情形相比，支付選擇權的權利金將會使利益變少。此外對於認爲「股價會有**些許**上漲」的人而言，直接購買股票反倒比較有利。購入

買權可以賺錢的條件僅限於當股價大幅的變動，且股價上漲超過〔履約價格＋權利金〕時而已。

履約價格和權利金的關係

選擇權的履約價格基本上是無論多少都可以。例如以50日圓購買Ａ公司股票的權利，或者是以150日圓購買的權利都有可能成立的。

但是像下圖一樣，如果現在的股價是100日圓，1年後股價在50日圓以上的機率遠比股價在150日圓以上的機率還要高。也就是履約價格低的買權，相對地較容易獲得行使買權所伴隨而來的利益，這是屬於有利的選擇權。

假設一年後的股價和現在一樣完全沒有變化，為100日圓時，如果行使履約價格150日圓的買權也不會有獲利（雖以150日圓購買，但在市場只能賣100日圓），但如果是行使履約價格50日圓的買權，50日圓購入但可以100日圓賣出，因此行使買權可以獲得50日圓的利益。

○股價在50日圓以上的機率和在150日圓以上的機率○

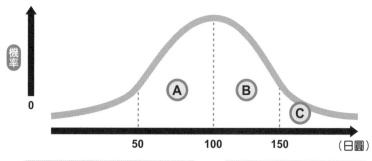

股價在50日圓以上的機率 A+B+C ＞ 股價在150日圓以上的機率C

　　但是衍生性金融商品是在不發生明顯有利或不利的情形下決定價格的。有利的選擇權須支付相對的金錢，也就是高權利金。由此可以得知，履約價格低的買權，其權利金會變高之間的關係。

　　順便一提，在買權的情形下，履約價格比現在股價（正確來說是反應在現在市場的將來價格＝預期價格）還低的選擇權稱為ITM（價內，In the Money），比較高的稱為OTM（價外，Out of the Money），相等時稱為ATM（平價，At the Money），而賣權的情形下其稱呼剛好相反，履約價格較高的為ITM，履約價格較低的稱為OTM。

○ATM、ITM、OTM（**買權的情形**）○

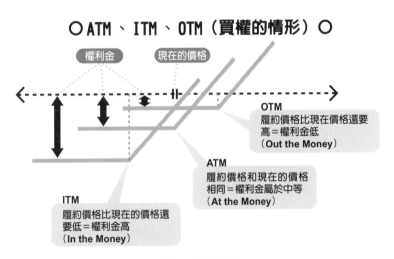

* 賣權的情形下，**ITM**和**ATM**的稱呼方式剛好想反。
* 此圖表中顯示 「現在的價格」的地方，正確來說應該是「現在市場中所預想的將來價格」。

交易要成立必須有買方和賣方的存在，這裡有點複雜，買權的賣方是賣出「購買的權利」。

當「購買的權利」也就是當買權的買方行使權利時，伴隨其權利而來的是義務。

依照漫畫中的說明，將買權的賣方損益圖表化，結果和買方的損益呈現上下相反的關係（請參照第 129 頁）。

對於買方而言在出現利益的狀態時，也就是一年後股價比〔履約價格＋權利金〕還要高的情形時，賣方會發生損失。相反的，一年後的股價如果是比〔履約價格＋權利金〕還要低時，則賣方會有利益產生。而買方的情形剛好相反，即使股價再怎麼下跌，賣方可獲得的利益不會超過權利金以上，但股價如果不斷的上昇，則賣方的損失會膨脹。

因此，對於認為「A 公司的股價或許不會下跌過多，但也不會上漲太多」的人來說，賣出買權可以說是最適合的交易。

換句話說，買權的賣方是認為「股價下跌的可能性高，但不論如何並不會有很大的價格變動」的人。

如果認為「股價可能會大幅的下滑」的人，可以藉由直接賣出股票（賣空），在預測成真時可以獲得很大的利益。但賣出買權時因為不管股價下跌多少都不會有超過權利金以上的利益，所以買權的賣方不適合這類的人，僅適合認為「股價不會大幅變動」的人。

相較於此，如前所述，買權的買方是認為「股價會大幅的變動」，由此可知選擇權的買方和賣方不單只注意股票市場

的上漲或下跌，而是對於**股票市場的變動狀況**也會各自持有完全相反的立場。

綜合前面所談，我們可以說，所謂選擇權是具有「認為股價會大幅上漲，但無法否定其大幅下跌的可能性」或者是「股價看來可能會下跌，但應不太可能會大幅下跌」的特徵，把它和一般購買或賣出股票的單純交易相比，它是更複雜且可以應付細微投資需求之商品。

🖋 賣權是什麼？

相對於買權，賣權是指「賣出的權利」，賣權的損益圖表和買權的損益圖表剛好是左右相反的（請參照第131頁）。

例如，某人買入一年後以每股110日圓賣出A公司股票的「賣出的權利」，也就是購買賣權，我們假設一年後股價變成90日圓，此人在市場中以90日圓買進A公司的股票，然後只要行使選擇權，以110日圓賣出，即可以獲得差額20日圓的利益。當然賣權也需支付一筆權利金，因此購買賣權會產生利益的前提是當**股價下跌至〔履約價格－權利金〕以下時**。但是股價如果跟預期相反，產生突然上漲的情形，則買方的損失僅限於權利金。

這項交易適合認為「A公司的股價未來可能會大幅下跌，而想要利用這時間點獲得利益，但是又因為顧慮股價有可能大幅上漲，希望到時也要能降低損失」的人。

另一方面，對於賣權的賣方而言，如果一年後的股價在〔履約價格－權利金〕以下時會發生損失，如果不幸地股價不斷下跌，則損失會增多。相反的，如果一年後的股價在

〔履約價格－權利金〕以上，則賣方會獲得利益，但是賣方的最大獲利只限於權利金的部分。

因此，賣出賣權之交易是適合於認爲「A公司的股價**或許不會大幅的上漲，但也不會大幅的下跌**」的人。

買權的買進或賣出，以及賣權的買進或賣出，這類的選擇權交易共有四種型態，其特徵整理如右圖所示，請試著再確認一下使用這四種型態的時機。

買權和賣權的奇妙關係──賣權買權平價關係（Put-Call Parity）

接下來我們來看看買權和賣權之間的關係中有一個有趣的現象。

例如，假設有一持有A公司股票的投資者。這位投資者認爲「A公司股票有可能大幅上漲因此不想脫手，但是又擔心說不定它也會大幅下跌」，於是他爲了避險而買進選擇權賣權。

與其用理論來思考，倒不如來看看160頁的圖，或許可以比較容易了解。將原資產的損益曲線和買賣權的損益曲線兩相組合後，會變成股價上漲時利益會擴大，而股價下跌時，損失不會超過一定的金額。

○選擇權的「四個型態的使用區別」○

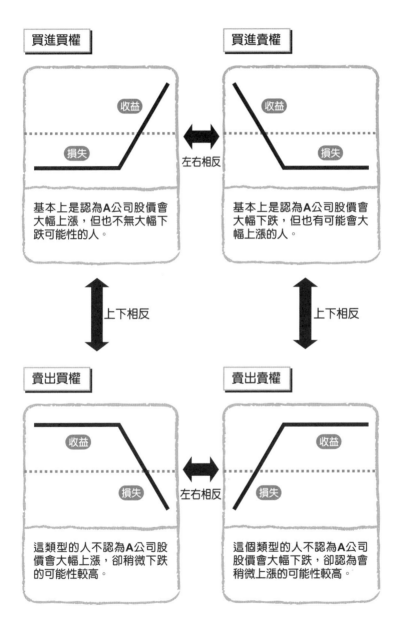

買進買權

收益

損失

基本上是認為A公司股價會大幅上漲，但也不無大幅下跌可能性的人。

左右相反

買進賣權

收益

損失

基本上是認為A公司股價會大幅下跌，但也有可能會大幅上漲的人。

上下相反

上下相反

賣出買權

收益

損失

這類型的人不認為A公司股價會大幅上漲，卻稍微下跌的可能性較高。

左右相反

賣出賣權

收益

損失

這個類型的人不認為A公司股價會大幅下跌，卻認為會稍微上漲的可能性較高。

○「買進原資產」和「買進賣權」的組合○

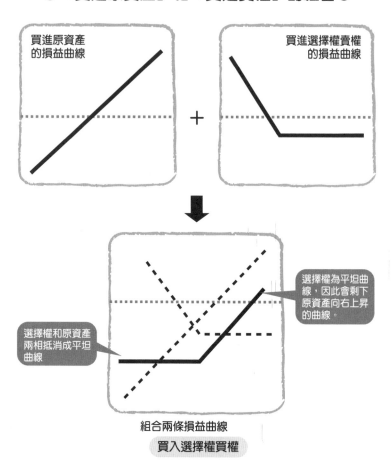

買進原資產
的損益曲線

買進選擇權賣權
的損益曲線

選擇權為平坦曲
線，因此會剩下
原資產向右上昇
的曲線。

選擇權和原資產
兩相抵消成平坦
曲線

組合兩條損益曲線

買入選擇權買權

左圖好像是曾在哪兒看過的圖形呢！沒錯！此圖形和選擇權的買權相同，也就是和原資產兩相組合後，選擇權賣權會變成買權。

一般來說，

買進原資產＋買進選擇權賣權
＝買進選擇權買權

這樣的關係會成立。再試著將此關係式代入其他選項替換後會變成這樣，

買進選擇權買權＋賣出[※]原資產
＝買進選擇權賣權

※曲線是相反的所以「買進」變成「買出」

這樣我們下一次就知道，如何將選擇權買權變換成選擇權賣權。

接下來，我們來想想持有現股（在非選擇權而是普通的股票的意義上來說，稱為現股）的投資者賣出選擇權買權，其結果會是什麼樣的情況。（這樣的交易稱為保護性的買權（Covered call））。同樣地將圖形組合後，就會出現如下頁一般的圖，它和賣出選擇權賣權所呈現的圖是一樣的。

公式如下：

買進原資產＋賣出選擇權的買權
＝賣出選擇權的賣權

也就是和原資產兩相組合後，賣出選擇權買權可以轉換為賣出選擇權賣權。再將關係式代入其他選項替換後，會變成：

賣出選擇權買權＋賣出原資產
＝賣出選擇權買權

因此，可以得知賣出選擇權賣權也能轉換為賣出選擇權買權。

像這樣，買權和賣權之間夾有標的的原資產而形成緊密結

〇「買進原資產」和「賣出選擇權買權」的組合〇

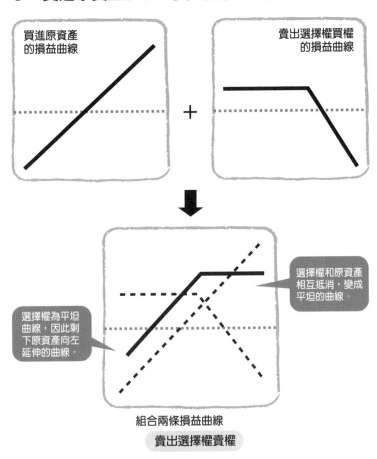

組合兩條損益曲線

賣出選擇權賣權

合關係。這種關係稱爲**賣權買權平價關係**（Put-Call Parity）。

再舉一個例子當做頭腦體操。

履約價格與相等的買進賣權和賣出買權相組合後，又會變成什麼樣的情形？

結果如下圖所示，將會形成價格下跌後產生獲利，價格上漲後產生損失的直線的圖表。這和賣出原資產（賣空）是相同的，透過合成選擇權也可以得到等同賣空的效果，這就稱爲**合成空頭**（Synthetic Short）（「合成賣空」的意思）。

○合成空頭（Synthetic Short）○

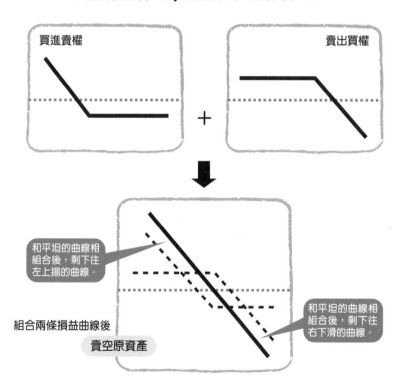

除此之外，使用選擇權也可以組合成如下圖般各式各樣具有損益曲線的圖形。至於，形成下列圖形的情況是如何？請您務必試著思考看看（解答在第166頁）。

○組合選擇權的例子○

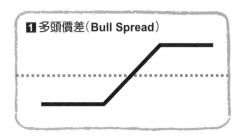

1 多頭價差（Bull Spread）

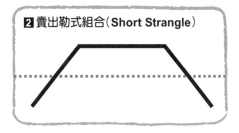

2 賣出勒式組合（Short Strangle）

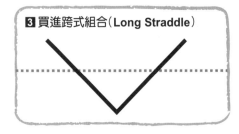

3 買進跨式組合（Long Straddle）

選擇權的基本型態？

➲ 選擇權有「買進的權利」稱為買權和「賣出的權利」稱為賣權,兩者各自都有買進和賣出的情形,總共具有四種基本交易型態。

各自的特徵為何？

➲ 「買進買權」的人偏向認為標的資產基本上會大幅上漲,但相反的也覺得有可能會大幅下跌。

➲ 「賣出買權」的人比較不認為標的資產會大幅的上漲,但卻認為會有些許下跌的可能性。。

➲ 「買進賣權」的人多半認為標的資產基本上會大幅的下跌,但相反的也覺得有可能會大幅的上漲。

➲ 「賣出賣權」的人偏向不認為標的資產會大幅的下跌,但認為會有些許的上漲的可能性。

買權和賣權的關係是？

➲ 買權和賣權具有被稱為「賣權買權平價關係（Put-Call Parity）」的密切關係,買權 <=> 賣權可進行變換,買權＋賣權可以使原資產重現。

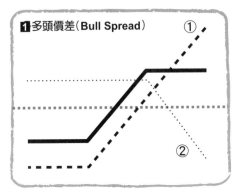

1 多頭價差（Bull Spread）

將買入履約價格低的買權（①）和賣出履約價格高的買權（②）兩相組合後，會形成多頭價差。

順便一提的是，Bull（公牛）是指對於市場呈現強勢的意思，股價上漲會有利益產生的結構以Bull來形容。反義詞為Bear（熊）。
而即使多頭價差是使用賣權也可以做出同樣的圖形。

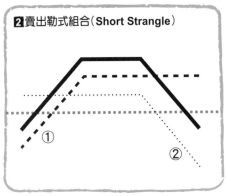

2 賣出勒式組合（Short Strangle）

將賣出履約價格低的賣權（①）和賣出履約價格高的買權（②）兩相組合後，會形成賣出勒式組合。
「Strangle」和上面2的「Spread」和下面2的「Straddle」相同，都是組合的選擇權的種類，而「Short」是指「賣出」的意思，表示選擇權賣出的組合。
只要組合選擇權買進也可以做出和此圖上下相反的圖表，也就是所謂的買進勒式組合（Long Strangle）。

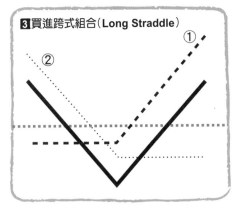

3 買進跨式組合（Long Straddle）

將履約價格與相等的選擇權買權（①）和選擇權賣權（②）組合後，會形成V字型的買進跨式組合。
只要與選擇權的賣出相組合就會呈現倒V字型，稱為賣出跨式組合。

試著計算權利金

✏️ **出乎意料簡單的「選擇權評價模型（Black-Scholes Model）」之概念**

　　選擇權評價模型（Black-Scholes Model）是從非常艱澀的高等數學中導引出來的。但是其概念並不如想像中難懂，最終的計算式也是比較簡單的。

　　我們在這一個講座中，首先要來複習，但我想先說明一點，我覺得使用者要能清楚知道所需使用的計算式。

　　請先回想漫畫中的說明。在計算權利金時要先想定，在選擇權到期日時，要用多少百分比的比例去推算出原資產的價格，才能進行權利金的計算的。

　　選擇權評價模型（Black-Scholes Model）是成立於常態分配（※）的假設下的，因此以下頁左上的吊鐘圖來表示，變成 X 日圓的可能性有 Y%。

※選擇權評價模型（Black-Scholes Model）中所做的假設，嚴格來說，稱之為對數常態分配（log-normal distribution）。相對於本書的說明中所指的，將「上漲 1 日圓或下跌 1 日圓」的上漲幅度和下跌幅度設定為相同，而將「上漲 1% 或下跌 1%」的上漲率和下跌率設定為相同者則是對數常態分配。兩者的基本概念是相同的，因此本書是以常態分配來進行說明。

○選擇權評價模型（Black-Scholes Model）的概念○

選擇權買權的情形

股價的分布

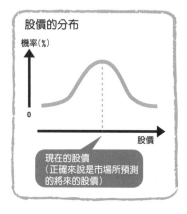

機率(%)

0

股價

現在的股價
（正確來說是市場所預測
的將來的股價）

選擇權的損益曲線
（未考慮權利金）

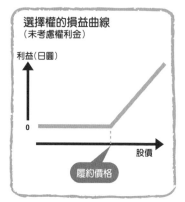

利益(日圓)

0

股價

履約價格

選擇權的權利金是選擇權的損益(利益增加但損失沒有增加)和實現的可能性相乘而來，因此⋯⋯

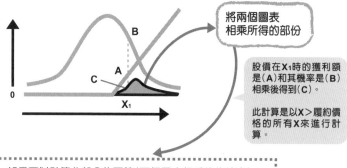

將兩個圖表
相乘所得的部份

股價在 X_1 時的獲利額
是(A)和其機率是(B)
相乘後得到(C)。

此計算是以X＞履約價
格的所有X來進行計
算。

如果可以計算此部分的面積(兩個圖表相乘後的總合)，
則可以計算權利金(有利的代價)。

計算此面積的計算式稱為
選擇權評價模型

買權必須在當 X 日圓大於履約價格時才可以行使的權利。
也就是，

X＜履約價格……即使行使權利也只有損失而已，所以選
　　　　　　　擇不行使權利，因此買權毫無價值。
X＞履約價格……透過行使權利，可以獲得〔X－履約價
　　　　　　　格〕的利益。

而顯示此關係的即是前頁的圖右上方之損益曲線。

順便一提，此損益曲線是表示透過行使選擇權所得之獲
利，因此是考慮權利金之前的損益曲線。
那麼，關於 X＞履約價格的所有 X，〔X－履約價格〕
（利益額）乘上 Y%（此利益發生的機率）的所有結果相加
總，則可以計算出從此選擇權可以獲得利益的期望值。也就
是前頁圖左上方的機率分佈圖和同樣右上方的損益曲線圖相
乘，並加總後而可以得知選擇權的利益期望值。前頁下圖中
填滿顏色的部份正是此利益期望值。而選擇權權利金正是此
利益期望值之現值。即，求得填滿顏色的面積，計算其現值
可得選擇權評價模型。

雖然解說似乎有點迂迴，但這不過是將漫畫中小優向菜菜
子說明的單純的權利金計算方法更加詳細地執行（→請參照
第130～139頁）而已。如果你可以理解漫畫中的說明的
話，那麼應可理解選擇權評價模型的原理。

接下來，我們來看看實際的選擇權評價模型。

一提到『模型（Model）』或許大多數人會聯想到電腦裡所編輯的複雜難解之程式，然而實際上這類複雜的模型是存在的。只是選擇權評價模型充其量只不過是一個比較短的計算式而已。

如果將此計算式以人工來運算那將會相當辛苦，但是只要有電腦，則任何人都可以輕鬆的計算。由此可知，衍生性金融商品的急速普及和電腦的普及期及高度發展時期相重疊絕對不是偶然。

因為高功能電腦的產生，使得乍看之下相當複雜的計算式變得任何人都可以計算，這更是促使衍生性金融商品普及的因素。從這意義上來看，促成今天衍生性金融商品的發展的大功臣，與其說是諾貝爾級的物理學家，倒不如說是會使用電腦的一般人。

那麼，接下來，請以下一頁的數值為基準，如果可以的話請打開電腦的 Excel 一邊閱讀一邊操作。首先為了計算選擇權權利金，必須有以下的數值（在此以股票為例）。

現在的股價：❶

執行權利時可以買賣標的股票的價格〔履約價格〕：❷

選擇權距到期日的期間：❸…輸入年數

至到期日為止的利率：❹…以％表示。

波動性（Volatility）：❺…為一年間股價變動的標準偏差，以％表示。

股息殖利率：❻…每股一年間的配息金額÷股價，以％表示。

只要有這六個數值的話，就可以一個 Excel 欄位計算，但為了不要出現錯誤，我們分段來計算。首先計算以下兩個數值。

❼ = (LN(❶/❷) + (❹ − ❻) * ❸) / (❺ * SQRT(❸)) + ❺ * SQRT(❸) / 2

❽ = ❼ − ❺ * SQRT(❸)

接下來，終於輪到選擇權評價模型的登場了。

買權＝ (❶ * EXP((❹ − ❻)) * ❸) * NORMSDIST(❼)
　　　　　 − ❷ * NORMSDIST(❽)) * EXP(− ❹ * ❸)

賣權＝ (− ❶ * EXP((❹ − ❻) * ❸) * NORMSDIST(− ❼)
　　　　　 + ❷ * NORMSDIST(− ❽)) * EXP(− ❹ * ❸)

試著將數字帶入算式中。

❶100

❷99.104……雖然是有小數點的數字，但請試著帶入算式中。

❸1

❹0.1%（0.001）

❺20%（0.2）……一般來說，股票約是 15 ～ 30% 左右，外匯約為 10 ～ 15% 左右，債券則約是 1 ～ 5% 左右。

❻1%（0.01）……日本股票的配息率平均大約是這樣。外匯的話，請輸入對方貨幣（美金日圓的話以美金）的利率，債券的話則輸入債券殖利率後（Coupon），便可以直接計算外匯選擇權或債券選擇權。

○選擇權評價模型的具體例子○

	A	B	C	
1	❶	股價	100日圓	
2	❷	履約價格	99.104日圓	
3	❸	期間	1年	
4	❹	利率	0.10%	
5	❺	波動性	20%	
6	❻	股息殖利率	1%	
7	❼		0.100	
8	❽		-0.100	=C7-C5＊SQRT (C3)

=(LN(C1/C2)+(C4-C6)＊C3/
(C5＊SQRT(C3))+C5＊SQRT(C3)/2

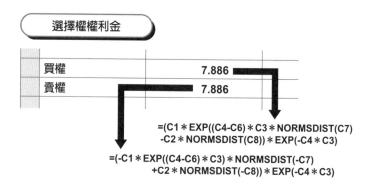

選擇權權利金

| 買權 | | 7.886 | |
| 賣權 | | 7.886 | |

=(C1＊EXP((C4-C6)＊C3＊NORMSDIST(C7)
-C2＊NORMSDIST(C8))＊EXP(-C4＊C3)

=(-C1＊EXP((C4-C6)＊C3)＊NORMSDIST(-C7)
+C2＊NORMSDIST(-C8))＊EXP(-C4＊C3)

※❼、❽、「買權」和「賣權」為將小數點第四位四捨五入，顯示到小數
點第三位的數值。
※LN、SQRT、NORMSDIST、EXP是Excel的函數（皆為登錄在
Excel的計算式中）。

以此數值計算後，買權權利金和賣權權利金應該都會幾乎等於7.886。這即是該股票每一股的選擇權權利金的價格。

為了讓你可以實際體驗選擇權是什麼樣的東西，請多試著實際替換幾個數字。我認為這應該能讓你確認以下的特徵。

（1）期間越長則權利金越高。

（2）波動性越大則權利金越高。

（3）履約價格高則買權權利金較低，賣權權利金較高。相反的履約價格低，買權權利金高，賣權權利金低。

（4）現在的股價變高則買權權利金變高，賣權權利金變低。相反的，現在的股價變低，則買權權利金變低，賣權權利金變高

在此希望各位理解，雖然無法自己導出選擇權評價模型，但我想只要稍微適應一下，任何人都可以簡單計算。

看起來毫不起眼的這個公式不但獲得諾貝爾獎，還成為引起金融技術革命的原動力之一。主要原因並不是由於其高深難解，反倒是由於它是只要有電腦，任何人都可以簡單計算。

我非常希望你可以理解到的是，千萬不要覺得選擇權很艱深而感到畏懼，事實上這是只要有心學習便可以簡單計算的公式。

選擇權評價模型並非萬能

事實上選擇權的價格，也就是計算權利金的方法（模型）有很多種，而隨著模型不同，所導出的選擇權權利金也會產生些許的差異。

選擇權評價模型是選擇權模型中最古老也是最簡單的型

態。

擇權權評價模型至今曾被指出幾個缺點。特別是複雜的選擇權和期間長的選擇權等被指出其缺乏正確性，而且有幾種型態的選擇權權利金是無法計算的。所以說這並不是萬能的模型。

但是，即使如此，仍舊不因此而影響選擇權評價模型的重要性。

即使是現在，期間短且單純的選擇權之計算還是常常使用選擇權評價模型，只要不是特別處理複雜選擇權的專家，對一般人來說，它已經足以應付。

重點
摘要

🌀 **關於選擇權評價模型的整理**

➲ 選擇權評價模型（Black-Scholes Model）是對於選擇權會帶來多大的利益之期望值，也就是計算權利金的計算式。

➲ 雖然它使用高級的數學，但因為可以用電腦簡單地計算而逐漸普及。

關於選擇權的補充

✏️ "新奇"的選擇權（Exotic Options）是什麼？

除了在漫畫中所說明的基本的選擇權之外，其實選擇權還有很多種類。其種類多到連專家都難以掌握全貌。觸及生效（Knock-in）、觸及失效（Knock-out）、數位（Digital）、亞洲式（Asian）、百慕達（Bermuda）、喜馬拉雅（Himalayan）、埃弗勒斯峰型（Everest）等等，全都是因應特殊種類的選擇權所使用的名字。再者，基本的選擇權，稱為普通的香草口味（Plain Vanilla），而除了普通香草口味以外的特殊選擇權則總稱為**新奇選擇權**。

一般人不需要去記住這些種類的選擇權。只要知道世界上有很多被稱為新奇選擇權的特殊選擇權之存在即可。

最重要的並不是去記住選擇權的種類，而不管是如何奇特的商品，或者乍看之下很有利的商品，只要透過財務工程不論多少種類都做得出來。若可以預估關於將來的價格變成○○日圓的機率有△％等等的話，則無論如何複雜的選擇權都可以計算出權利金。

此外，更重要的是，「在市場交易的東西是不會發生明顯有利或不利的情形」之大原則。對於買方而言，即使做出明顯有利或是對自己有好處的選擇權，這樣的選擇權相對的權利金也會增加。而對於賣方而言，可以用高價賣出的選擇權，即使其看似風險極小，但是應該仍隱含高權利金所帶來的風險。

✎ 搭配選擇權商品的大原則

透過賣出選擇權獲得權利金，擴大帳面上的利益這件事，也常運作於常見的金融商品中。例如，以存款、債券或是投信等組合衍生性金融商品的高報酬商品，目前有很多都已經商品化了。其中有很多都是利用賣出選擇權而獲得權利金，又因為權利金而使得它們在績效上看似高報酬的商品。

以現在的狀況來說，普通的存款或短期的債券已經幾乎拿不到利息。但是由於透過賣出選擇權可獲得權利金，使帳面上的利息收入增加。而我認為如這樣的商品設計是可能實現的：只要滿足一定的條件（例如，一年後日經平均股價每股在××日圓以上的時候），就會加上3%的利息等等。

但是賣出選擇權代表必須「背負義務」，甚至是「有損失的可能性」。也就是風險伴隨而來的，因此看似高報酬的商品，相對的也背負著相當的風險。

即，當商品未達到高報酬的一定條件時，就必須承受本金減少等各種損失。報酬越高者，背負的風險越大。

只有此原理是不論何種複雜且高階的商品都是成立的。財務工程上，金融商品的價格是由風險大小來決定的。「雖然風險小，但可以透過特別的技術來獲得高額的權利金」這類情形在財務工程的世界是不可能的。

有利且有好處的商品價格高，看似報酬率高的商品，事實上風險也大，理解這種基本關係要比去記住各式各樣商品的名稱還要來的重要。

〇搭配選擇權的商品概念〇

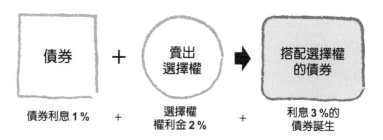

債券	+	賣出 選擇權	➡	搭配選擇權 的債券
債券利息 1％	+	選擇權 權利金 2％	+	利息 3％的 債券誕生

明明普通債券只有利息 1％，但卻變成利息 3％的債券。

但是，選擇權權利金 2％為風險溢酬，
因此增加此 2％所招致的風險，

只要組合複雜且風險高的選擇權，
要獲得高報酬的債券也是有可能…

搭配選擇權商品的大原則

高報酬的商品代表風險也高
低風險的商品則報酬率低

新奇選擇權是什麼？

- 新奇選擇權是除了基本選擇權（Plain Vanilla）以外的特殊選擇權之總稱，但是不論再怎麼特殊或是複雜的商品，對於買方有好處的選擇權，則相對的權利金高；對於賣方可以高價賣出的選擇權，則風險也較大，這樣的關係是不變的。

第**4**章

和**菜菜子**一起學
風險管理全貌

今天要開始講「衍生性金融商品」的風險的部份……

嘻 嘻 嘻

小優，有女生來你房間會緊張喔～？

好可愛—

才…才沒那回事呢！！我要開始了！！

好好—好

前幾天電視說「OX公司因為衍生性金融商品而產生巨額損失」耶。

到底衍生性金融商品是什麼意思呢？

OX公司因為衍生性金融商品而產生巨額損失…

怎麼回事？

一開始我說的「交換契約交易」跟上次說的「選擇權交易」兩者總稱為 Derivatives。

翻成中文就叫做衍生性金融商品（交易）。

衍生？

越來越難懂了。

選擇權交易

交換契約交易

熱

涼

購買的權利

只將金融商品的風險取出來進行交易的手法稱為「衍生性金融商品」。

因為它並不是原先的金融商品，而是只對衍生而來的風險進行交易，因此稱為衍生性金融商品（交易）。

風險

哇～

金融

衍生性金融商品大致可分為兩種使用法。分別是能迴避風險的「規避風險」，

以及承擔風險追求利益的「承擔風險」。

承擔風險

規避風險

風險

風險

原來如此！

例如，一開始就說的氣溫交換契約交易的例子屬於規避風險，

而買進○○公司股票的選擇權的例子，雖然說它的風險是有限制的，

選擇權買權

買進的權利

但因為那跟保有一部份的股票具有類似的效果，因此也可視為承擔風險。

但是，我總覺得衍生性金融商品很危險啊～
因為總是會出現像那種大公司倒閉的損失啊～？

衍生性金融商品

衍生性金融商品充其量只不過是工具，它本身並不危險，主要是取決於使用方法。

原來它的特性是這樣啊…

我們假設，把手邊所有的 100 萬日圓全數拿去購買○○公司的股票。

好的！

假設 1 股是 100 日圓，一般都是買 1 萬股來投資。

1萬股
（價值100萬日圓）

沒錯！沒錯！

如果股價上漲 50%，則 50 日圓×1 萬股，等於會賺 50 萬日圓。

萬歲～！

但是當股價下跌，就會有發生損失的風險，

只不過這個風險只限於投資資金全數不見而已。

○○公司只要不破產，股價就不會變成零，對吧！？

那麼，以同樣的100日圓購買「購買股票的權利」＝「選擇權買權」，那又會怎樣呢？

嗯

選擇權交易的情形是藉由支付權利金來獲得買賣股票的權利，對吧……

沒錯！

我們假設權利金每股是10日圓，

100萬日圓÷10日圓，也就等於可以購買相當於10萬股的選擇權。

正是如此！

比單純購買股票還要賺好幾倍耶！！

哇

跟剛才一樣，如果股價上漲50%，則50日圓×10萬股，總額變成500萬日圓，

400萬元

即使扣除支付權利金的100萬日圓，還有400萬日圓的獲利。

那不就要完全損失權利金100萬日圓了。

唉～

所以，

即使○○公司沒有破產，只要股價沒有上漲，我們是不會從選擇權獲得利益的，

股價

還真是具有相當風險的高額賭注。

而且會演變成那樣的機率高達50%。

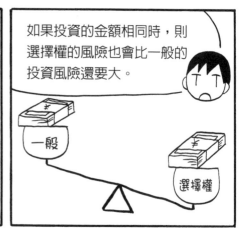

如果投資的金額相同時，則選擇權的風險也會比一般的投資風險還要大。

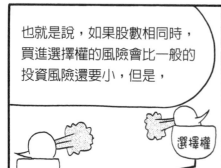

也就是說，如果股數相同時，買進選擇權的風險會比一般的投資風險還要小，但是，

相反的，選擇權交易即使是用較少的投資額，

原來如此～
總算了解兩者間的關連性了。

但相對地，要背負風險啊…

思考中

也有可能獲得大利益。

咚

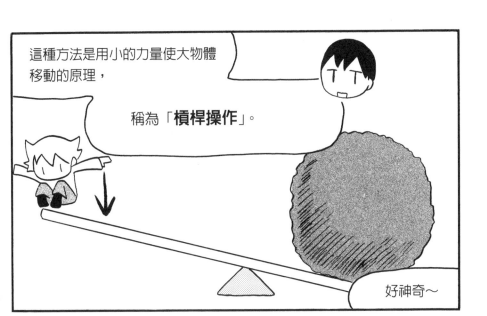

這種方法是用小的力量使大物體移動的原理，

稱為「**槓桿操作**」。

好神奇～

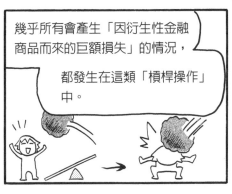

幾乎所有會產生「因衍生性金融商品而來的巨額損失」的情況，

都發生在這類「槓桿操作」中。

當我們想要獲得較大的利益時，果然也會伴隨著相對的危險性呢！

不是因為「衍生性金融商品是危險的」，

而是「使用方法才重要」的意思妳了解了嗎？

了解！了解！

就好像吃藥一樣耶！！如果依照用藥指示，生病會很快痊癒，但是，

一不小心弄錯了就會有副作用，很危險喔！

正是這樣。

我們只要對衍生性金融商品多了解其危險性，並清楚正確的使用方法，它將是非常便利的工具。

✏️ 風險管理的重要性

財務工程中除了衍生性金融商品之外，還有另一個大支柱是「**風險管理**」。

是指管理風險，對吧！？

衍生性金融商品

風險管理

沒錯！

藉由風險管理可以清楚掌握目前的風險狀況，以及經由衍生性金融商品可以減低多少風險，

或者是會增加多少風險。

如果可以讓風險不超過極限，

就不會造成「因為巨額損失而導致公司破產」的情形。

因為「巨額損失」的產生或是去迴避「巨額損失」，

兩者都取決於對於財務工程的理解和使用方法。

那麼具體來說，通常都如何預測風險的大小呢？

 可預測風險的風險值（Value at Risk ，VaR）

首先，讓我們來想想，以100 萬日圓購入○○公司的股票，每股 100 日圓共購入 1 萬股時，其風險的大小。

1 萬股

好的。

189

把所投資的股票價格以隨機漫步理論來分析的話，

股價應該會呈現常態分配的形狀。

確實是呢！

然後如果能特別指定圖表的左右幅度，也就是波動性就更好了！

波動性是將過去的數值當作參考，加以預測未來，再交由市場交易自然決定的，對吧！？

正是如此！！

簡單來說，在常態分配下即使不經過一一計算，

也可以清楚知道股價會跌到○○日圓以下的機率。

丟棄

哇～！！

我都不知道有這麼方便的工具呢！

舉例來說，

不論在何種情況下，股價成為平均值減去標準偏差值（波動性）以下的機率都固定在 15.9% 以下。

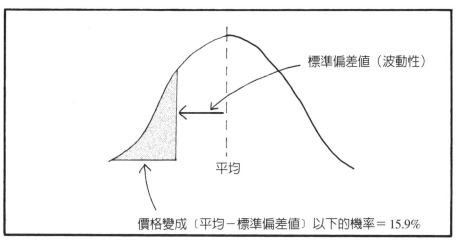

標準偏差值（波動性）

平均

價格變成〔平均－標準偏差值〕以下的機率＝ 15.9%

大略地來說的話，它屬於常態分配中的面積，這樣可以輕易知道機率是多少。

這裡

真是有趣呢～

假設一年後的股票呈現常態分配，

為了讓妳更能理解，我把準偏差值（波動性）設定為10%。

好的。

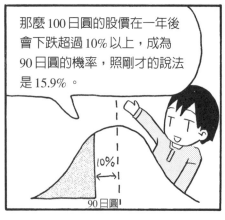

那麼 100 日圓的股價在一年後會下跌超過 10% 以上，成為 90 日圓的機率，照剛才的說法是 15.9%。

10%

90日圓

也就是說，投資 100 萬日圓，將來會損失 10 萬日圓以上的可能性是 15.9%，對吧！

嚴

肅

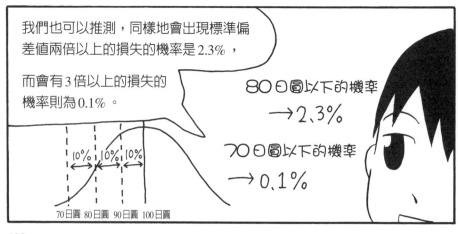

我們也可以推測，同樣地會出現標準偏差值兩倍以上的損失的機率是 2.3%，

而會有 3 倍以上的損失的機率則為 0.1%。

10%　10%　10%

70日圓　80日圓　90日圓　100日圓

80日圓以下的機率
→2.3%

70日圓以下的機率
→0.1%

會慘賠的可能性居然這麼低。

笑容燦爛

你別忘記！不論可能性再怎麼低，100萬日圓變成零的可能性也絕對不是零！！

說的也是。

但是，這樣模擬兩可的說法不能稱為實務的風險管理。

因此，在此最常被使用的是將波動性變成2.33倍的數值。

波動性 × 2.33

真是個不完整的數字耶！

以常態分配來看，
低於將平均值減去
標準偏差值 × 2.33
所得的值的機率剛好是1。

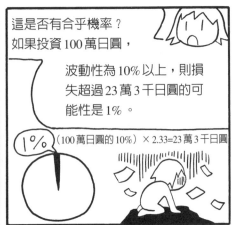

這是否有合乎機率？
如果投資100萬日圓，

波動性為10%以上，則損失超過23萬3千日圓的可能性是1%。

1% （100萬日圓的10%）× 2.33=23萬3千日圓

換句話說，

可以說成「有99%的機率不會發生超過波動性 × 2.33以上的損失」。

99%

原來如此！

這就稱為該支股票的投資風險。

標準偏差值
×
2.33
＝
風險

你是說可以把這當作是一個基準，對吧！

這個「23萬3千日圓」的數值稱為「**風險值（VaR）**」，

而在此出現的「99%」則稱為「**信賴區間**」。

嗚～
怎麼又是專業用語～

融化

這是不能避免的，
請把它們記下來。

了解！

將風險值標示在常態分配圖上
則成這樣。

標準偏差值

1%

0.33　1　1
2.33

此長度是風險值VaR

總歸來說，以100萬日圓投資○○公司股票的風險是，

以「在信賴區間99%的VaR為23萬3千日圓」表示。

關於選擇權的風險

那麼，

我們一起來想想買選擇權的風險！

好———

假設我們買入可於一年後以每股 100 日圓買一萬股○○公司股票的買權。

選擇權

那麼，選擇權權利金呢？

我們簡單假設為每股 10 日圓。

也就是為了購買選擇權而花費 10 萬日圓的投資。

10萬日圓

我們用選擇權來進行交易，所以無論股價怎麼下跌，

會損失的部份只有這 10 萬日圓而已，對吧？

沒錯！！

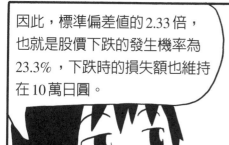

因此，標準偏差值的 2.33 倍，也就是股價下跌的發生機率為 23.3%，下跌時的損失額也維持在 10 萬日圓。

你是說這個選擇權的 VaR 是 10 萬日圓嗎？

思考中

沒錯！！一般股票的情形是信賴區間提高則 VaR 會變大，

而且發生超過 VaR 的損失的機率也並非為零。

我想也是！

菜菜子真厲害！！

從那個意義上來看，VaR 並不能嚴謹地表示最大損失額，

但是，因為在選擇權交易時，不會發生超過權利金的損失，

所以，VaR（=10 萬日圓）即意味著最大損失額。

我很厲害嗎？哈哈哈

選擇權的買入權利金的金額 ＝ 最大損失額

那麼，

我們最後來談談「風險管理」的風險。

總算快要結束了。我怎麼那麼努力啊！

得意

購買選擇權時不會發生超過 VaR 以上的損失，

但是購買一般股票時，就有可能發生超過 VaR 以上的損失。

了解！

此外，股價的變動是在遵從常態分配的假設下所得出的 VaR，

但是，實際的股價變動和常態分配的假設相比，

可以看出股價容易出現相當極端的變動。

豐田	菜菜子	川上	吉田	飯塚
6,400	500	1,000	2,000	1,000
+200	-100	-200	-300	+100

本田	優	山田	飯山	檜山
5,000	1,200	800	3,000	5,000
+250	+100	+50	+100	+500

田中	戶田
1,500	700
+100	-100

○×證券

原來是這樣啊！

實際的股價變動會比常態分配的波形還要廣，

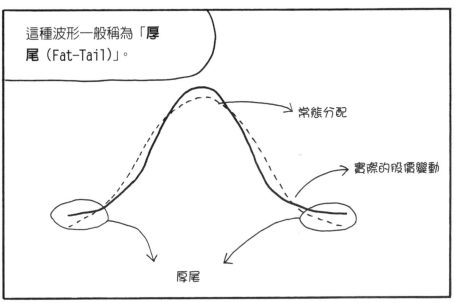

這種波形一般稱為「**厚尾（Fat-Tail）**」。

常態分配

實際的股價變動

厚尾

「厚尾」是指「肥胖的尾巴」是吧？

直接翻譯就是那樣，其實是只「波形很厚」的意思。

原來如此～

現實上因為厚尾現象，

使得損失額大多會比單純的常態分配所預期的還要大。

唉呦…
只是紙上談兵果然是不行的呢！

就是這個意思！！

如果不事先理解風險管理不是絕對的，

或許會因此招致意料不到的危險。

要小心！！

不可盲目相信計算出來的數值，必須謹慎才行！

另一方面，隨著風險管理不斷進化的結果，

能夠應對各式各樣問題的新技術也逐一被開發出來。

萬歲！！

財務工程不是既成品，它是門會經常進步更新的學問，

而因應財務工程的進步，金融商務的世界也將會產生革命性的商品，以及交易模式。

你告訴我的那些就包含了財務工程的基本，對吧！

是的！！
菜菜子，
你真努力呢！！

太好了──

我才要謝謝你呢！！這樣我就有自信去銀行上班了！！

耶！！！

這樣就太好了！

對了！！

你還記得我一開始說的嗎？我要開個股票交易帳戶，請你幫我買賣股票的事……

記得！

但是，

其實是不可以這樣的喔！

什麼？

那你為什麼要答應我的要求…？

緊張

因為我想要讓菜菜子也了解財務工程……

還有，我自己也有事情想要問妳……

啊？什麼？？

這個……妳是唸文組的吧…？

是啊！怎麼了？

那，那……那個

吱吱唔唔

我聽不到啦～～

什麼？

就，就是…

我想問妳，可以跟我說最有效的情書寫法嗎？

悄悄的

情──書！？

狂笑

哇！拜託，你不要笑啦！！

對不起！對不起！

但是，小優…

情書的重點不是技巧，而是心意！！

風險管理和
財務工程的關係？

　　和衍生性金融商品並列的財務工程的另一支柱是**風險管理**，在第 2 章說明的了 ALM（資產負債總合管理）也是風險管理的一部份，所謂風險管理，白話一點來說，即為「管理風險」，可運用在各式各樣的情形下，依狀況不同亦具有不同的意義。

　　單純的迴避風險也是風險管理的一種，但是，隨著金融商務的展開，其中也存在著無法避免的風險。

【風險的種類❶】信用風險

　　如果是金融機構等所具有的風險是，當貸款對象破產，則借出款項無法回收。

　　但是，如果因為擔心風險而不借出資金，或者是只貸予信用超優良企業，那麼將因無法充分提升收益而無法做成生意。

　　因此，必須確實掌握住貸款者破產機率多寡，對其風險顯現時造成的損失有所準備，並擴張貸出款項。這種貸款對象的破產風險管理稱為**信用風險管理**。

　　此外，當利息、股價、外匯或者是原油等的市場價格的變動時，也會有產生損失的風險。

　　如果是金融機構，就會協助交易對象進行各式各樣金融商品的買賣或衍生性金融商品的交易。一般在交易中金融機構必須負擔某種程度的風險。

　　例如，我們假設外匯的交易員（在市場買賣的人）執行從客戶買進美金的交易，如果這位交易員預測美金會貶值，則在從客戶買進的美金貶值前，趕快尋找其他交易對象賣出這些美金。但是如果這位交易員預估美金會升值，則不進行對沖交易而繼續負擔風險。

　　以上這種情形，如果依照交易者的預估美金升值的話，從客戶收取的交易手續費，再加上美金升值，則可得到獲利。但是有時市場上會出現無法預估的狀況，偶而若是預測失準，甚至會造成損失。

　　一個金融機構中，除外匯交易員外，還有其他處理各式各樣商品的交易員。因此若是這些交易的風險沒有確實地管理，則市場價格變動極可能會造成巨額損失。

　　除了金融機構之外，這樣的市場風險也是無所不在的。例如，以出口企業來說，出口商品的貨款大多收取美金，因此如果美金貶值台幣升值，則換成台幣時的收入會變少。

　　順便一提，1美金＝33元的外匯匯率是「用台幣表示每一美金的價格」。因此台幣的數字越大則代表美金升值，而從台幣的立場來看，則是台幣貶值，相反的，如果台幣的數字越小則代表美金貶值、台幣升值。

　　也就是台幣升值時「1美金＝35元→1美金＝33元」，台

幣的數值會變小。這種情形下，同樣是 1 美金的出口貨款換成台幣後，台幣 35 元的收入會只剩下 33 元。

因為市場價格的變動導致損失發生的風險稱為**市場風險**。

【風險的種類❸】其他風險

風險還有其他的種類。例如被交易對象或客戶向法院提告，而接到政府機關開出停業處分等行政處分的風險，這些稱為**法務風險**。

為了迴避這類的法務風險，事前對相關法令充分進行確認也是風險管理的一種。這類法務風險即使結果未敗訴或者是受到實際上的行政處分，卻會引起輿論的評價惡化，對其後的業務開展會有不良的影響（稱為**信譽風險**，Reputation Risk），管理這些風險的動作，一般稱為法規遵循（Compliance）。

此外，因為事務上失誤或系統障礙導致損害發生的風險（稱為**營運風險**，Operation Risk），是最近特別受到關注的領域。

在這麼多種風險和風險管理中，財務工程主要處理的是市場風險，市場風險的風險管理是無法不將財務工程考慮進去的。

而關於信用風險，是過去和財務工程扯不上關係的部份。但是近年來，財務工程對於這個領域不斷地帶來極大的貢獻。接下來，我們來簡單做個說明，請見下頁圖。

信用風險管理上的財務工程手法

以往的貸款業務大致分為可以放款的優良企業和不可放款

○風險的種類和風險管理的概念○

代表性的風險	風險管理 的基本方法	財務工程 的影響程度
營運風險	君子不履險地	—
法務風險	君子不履險地 （包含商譽風險）	—
信用風險	不入虎穴焉得虎子 （但是不可欠缺管控）	帶來極大的貢獻
市場風險	不入虎穴焉得虎子 （但是不可欠缺管控）	不可欠缺

> 不入虎穴焉得虎子（不背負風險則無法獲得利益）
> 但是管控是不可欠缺的，
> 因此
> **透過財務工程做風險管理是必要的！**

的危險企業這兩種，也就是以「放款給風險小的優良企業」為前提。

但是，一般優良企業不太從銀行借款。因此為了擴張放款業務，優良企業和非優良企業的界線就變得模糊，而必須放款給至今無法貸款的具風險的企業。

結果，貸款對象破產的風險當然變大，但是只要在「放款的企業是優良企業」的前提之下，這些風險表面上是不會顯現出來的，也就是企業是否優良的界線本身變得模糊時，當真正的風險變大時，由於「只放款給優良企業」的原則不變，金融機構無法掌握風險究竟會如何變化。

這樣的構造在財務工程上來說，可視為**「末健全的風險管理手法」**將成為造成泡沫經濟時期不良債權超過預期的原因之一。

　　針對此，財務工程試著客觀地測定，某企業的倒閉風險的大小。以企業 A 公司為例，我們以 A 公司的倒閉機率是○○％，整體放款對象的XX% 有破產的可能性，這類的數字來表示風險。

　　只要放寬貸款基準增加放款，因為這部份所增加的風險可以用數據顯示，便可得知必須事先備好一筆準備金以對應此風險。

　　另外，風險管理的高階化可以促進交易機會的增加。

　　例如，若是可以確實測定風險，則可能對風險較低的企業以低利放款，而風險較高的企業則可能以較高利息放款。這樣一來，不需要先將企業二分為優良或非優良。只要一邊管理整體的信用風險的水準，再依據放款對象企業各自的風險，調整利率進行放款即可。

　　在這些風險管理手法之下，便可與雖有前景，但若以過去基準將無法順利借款的企業進行交易。

　　財務工程對於傳統貸款業務上相關的風險管理帶來相當大的影響。

風險管理和財務工程的關係？

➲ 各種風險管理中，財務工程所處理的主要是市場風險管理。但是，信用風險管理等其他的領域中，財務工程的貢獻也是顯著的。

財務工程上
對於風險管理的概念

「君子不履險地～」或是「不入虎穴焉得～」

伴隨風險管理而來的極大誤解是「風險是危險的東西，所有具有風險的東西最好敬而遠之」這種想法。也就是所謂的"君子不履險地"，但為何"君子不履險地"是個大誤解呢？

當然關於法務風險或營運風險，是有必要將使風管理得險儘可能越小越好（→請參照第208頁的表）。

而在和本業無關的領域上抱持極大風險這件事，也是最好儘可能迴避。例如本業是製造業，卻對風險非常高的金融商品進行投資的情形。

但如果是需要靠市場交易或放款提昇利益的金融機構的話，這時需要想起重要的法則。

該法則為「所謂風險，或許會帶來損失，但也可能會有獲利」。換句話說，不承擔風險也無法追求利益。

總之，從財務工程的觀點來看，風險管理不單只是「去除風險，或是抑制風險」，而應該是意味著**承擔適當的風險**。

因此財務工程上的風險管理是比較接近「不入虎穴焉得虎子」的意思。

何謂適當的風險

　　財務工程上所指的風險是「或許會造成損失，或許會有獲利之狀態」，如果完全消除風險，則利益也隨之消滅。

　　但是相反的，如果為了獲利而抱持過於巨大的風險時，一旦發生與預測相反的情況而導致巨額損失，可能會使公司陷於經營危機。

　　因此「承擔適當的風險」才會變成必要的事，那麼究竟多少風險是「適當」的？

　　這個「適當的風險」是指為了提昇公司的目標利益所需要的水準，但另一方面，**即使發生和預想相反的損失時也不至於動搖公司的基礎根基**之風險水準的意思。

　　一般而言，為了實現此「適當的風險」，就需要最大損失額的管理和設定收益目標這兩個支柱。

　　也就是，❶（當和預測相反時）事先決定風險的上限，使最大損失額控制在一定的範圍內，❷ 在此風險的上限範圍內，承擔為了追求收益目標的必要風險，這樣一來才能合乎「適當的風險」。

　　然而，確認實際的風險是否有在設定的風險上限範圍內，則是風險管理部門的主要工作。而風險管理充其量不過是以客觀測定風險大小為目的，因此，一般風險管理部門通常被定位在從實際業務中獨立出來的專業部門。

可以正確的預測未來的只有神明或是預言家而已。即使再怎麼樣完美的預測，我們也不能否定萬一發生不測之事顛覆整個預測的可能性是不能否定的。

最重要的是要事前為預測失準而產生損失時預作準備。

將現在承擔的風險所可能發生的最大損失額計算出來，若是可以事先為萬一損失發生時做準備，便可以防止巨額損失出現時動搖公司根本的事態。

通常為最大損失額做準備是以從自有資本（股東的資本額或累積的利益等不需要還款的資金）提撥一部份的形式。因為當自有資本完全損失時，公司實際上將形同破產。相反的，若是可以維持自有資本，則公司可以免於破產。

所以，即使當最糟的情形發生出現最大損失時，只要自有資本在一定比例以下則可以吸收此損失，也可防止動搖公司根本的情況發生。

接下來，問題在於該如何測定最大損失額。

漫畫中小優向茱茱子說明風險值（Value at Risk，VaR）是當做最大損失額的替代品，這是一般最常使用的手法。

但是要注意的是，風險值只不過是替代品而已。

風險值指的是「機率有99%，最大的損失額為○○日圓」時的○○日圓，換句話說也就是「有1%的機率會發生風險值以上的損失」，因此，很明顯地，嚴格上來說，風險值不能算代表最大損失額。

但是沒有人能知道下一秒會發生什麼事，所以如果以「100%的機率」為前提，則不論任何金融商品的風險值VaR都會是非常大的。

即使在金融市場中被譽爲最安全的國債，在萬一有世界性核子戰爭或巨大隕石衝撞時，就會立刻變成廢紙。這種可能性即使非常小，但也不能完全等於零。結果，不管是國債還是風險高的股票等其他商品，最大損失額會等於是投入的投資金額。

若無法顯示國債和股票風險的大小差異，則無法進行實務的風險管理。而爲了方便因此設定了99%的信賴區間。

風險值 VaR 並非絕對

還有一個問題是最後在漫畫中說明的厚尾（Fat-Tail）現象之問題。

它在實際的市場上是比常態分配所假設的值還要呈現極端變動的。

例如，被稱爲黑色星期一的1987年10月美國股票大暴跌，在常態分配的假設下，嚴格來說雖然機率不是零，但也出現了幾乎是不可能的股價暴跌情形。即使不像黑色星期一這麼嚴重，在常態分配的假設下，數十年才出現一次的價格變動，其發生頻率更高。

目前專家們正在開發納入厚尾（Fat-Tail）現象、可計算更高確準度的風險值 VaR 手法，但是將來會發生的機率要完全正確地預測是絕對不可能的事。

因此可以知道，**風險值 VaR 並非了解完美，這件事對於思考「風險管理的風險」時是最重要的。**

只要 VaR 不是絕對的，我們就不能斷言如「將風險值 VaR 設定爲與自有資本相同水準，即使發生最大損失公司也不會倒閉」這樣的事，因爲發生超過風險值 VaR 以上的損失的情

況還是有可能的。

正因為這樣，風險值 VaR 必須要控制在自有資本的一定比例以下。

不論如何，自有資本是維持商業活動所必須的，發生一次最大損失就失去大半的資產是無法讓人心安的。

即使發生 VaR 或是一兩次風險值 VaR 以上的損失，最好是在自有資本仍有充裕的狀態。

○對於 VaR 所得風險的準備○

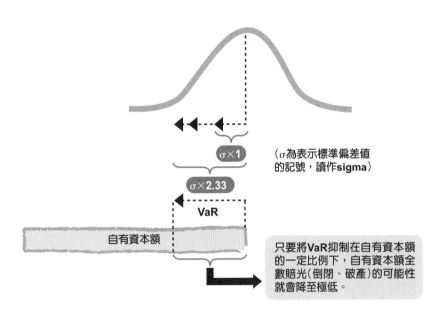

σ×1

（σ為表示標準偏差值的記號，讀作 sigma）

σ×2.33

VaR

自有資本額

只要將 VaR 抑制在自有資本額的一定比例下，自有資本額全數賠光（倒閉、破產）的可能性就會降至極低。

風險和時間（期間）的基本關係

最後稍微複習和補充漫畫中的解說。

風險值 VaR 是以常態分配爲假設，和分配的幅度，也就是波動性的大小來決定的。

依照第三章的解說中，一般波動性的水準，如果是股票大約 15～30％ 左右，外匯大約是 10～15％ 左右，債券約爲 1～5％ 左右。

要將這些數據換算成風險值，只要將投資金額乘上波動水準再乘上 2.33 倍後就可以了。

假設投資金額是 100 萬日圓，則險值如下：

股票：34.95～69.9 萬日圓左右

外匯：23.3～34.95 萬日圓左右

債券：2.33～11.65 萬日圓左右

以上是以漫畫中所做的說明。

在此說明一些比較細微的部份，通常波動性是顯示每一年的數據。上面所舉例的波動性數據都是一年的資料，正確來說應該以年率○○％ 來表示。因此基於此一年的波動性所計算的 VaR 也是年率的數值。

總之，在漫畫中小優向荣荣子說明的 VaR 數字，正確來說是「承擔現在的風險**一年期間**，有 99％ 的機率不會發生 23.3 萬日圓以上的損失」。

另一方面，在金融機構中，在實務上風險值 VaR 是以更短的時間來計算的。因爲是有風險的交易，通常無法放任一年不管。

一般而言，股票、債券和外匯等可以在短期間進行買賣的

商品，風險值 VaR 的計算期間也可以縮短。由於預測失準時可以立即處分掉，因此風險值 VaR 不需要用年率來計算。

　　相反的，不動產或是股票、債券會有巨額的殘值而無法簡單的賣出，風險值 VaR 以較長的期間來計算是比較妥當的。

　　隨著風險值 VaR 是期間縮短，其值也會變小。

　　例如，一個月的價格變動和一年間的價格變動相比，如同前頁圖中所述，一年間的價格變動幅度應該是比較大的。也就是一個月的波動性比一年的波動性還要小。

　　至於大約會變成多小的數值，則將年率的波動性乘上 $\sqrt{1/12}$ 的數值，即可得一個月的波動性。如果是兩個月則是〔年率的 VaR $\times \sqrt{2/12}$〕。

○期間的長短和風險值 VaR ○

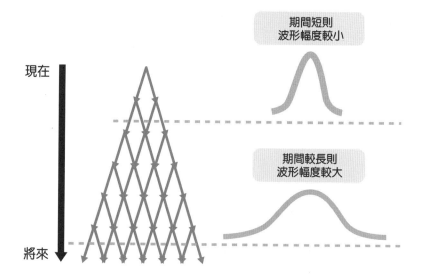

🌱 風險管理的概念整理

- ⮑ 財務工程上的風險管理，不單只是「迴避風險」，而是重視「承擔適當的風險」。

- ⮑ 所謂「適當的風險」是即使出現和預期相反的最嚴重事態，也不會動搖到公司根本的風險水準。

- ⮑ 為了不要動搖到公司根本，VaR 等的「預想最大損失額」需要控制在自有資本的一定比例以下。

- ⮑ 正確來說，VaR 並非表示「最大損失額」，因此要事先知道其界限和風險（風險管理的風險）。

🌱 VaR 和時間（期間）的關係是？

- ⮑ VaR 是因應需要，而設定期間進行計算的。期間短的話，則 VaR 會變小，期間長的話，則 VaR 會變大。

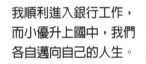

春天的時候

我順利進入銀行工作，
而小優升上國中，我們
各自邁向自己的人生。

早安一！！

菜菜子，早安！

哈…

你們早…！！

你們看起來感情很好！！

看起來，我們兩個果然是同類呢！！

這是怎麼說呢！？

依喜歡的人來決定未來的路，我們不是同類嗎！！

害羞

下次該輪到我勇敢表達心意了……

對呀！！

那麼，

我今天就來努力看看──！！

國家圖書館出版品預行編目(CIP)資料

給初學者的財務金融通識課 / 田渕直也
作；童湘芸譯. -- 初版. -- 新北市：世茂，
2020.12
　面；　公分. --（銷售顧問金典；111）

　ISBN 978-986-5408-38-1（平裝）

1.財務金融　　2.財務管理

494.7　　　　　　　　　　109014958

銷售顧問金典111

給初學者的財務金融通識課

作　　　者／田渕直也
譯　　　者／童湘芸
主　　　編／楊鈺儀
封面設計／林芷伊
出　版　者／世茂出版有限公司
地　　　址／(231)新北市新店區民生路19號5樓
電　　　話／(02)2218-3277
傳　　　真／(02)2218-3239（訂書專線）
劃撥帳號／19911841
戶　　　名／世茂出版有限公司　單次郵購總金額未滿500元（含），請加60元掛號費
酷　書　網／www.coolbooks.com.tw
排版製版／辰皓國際出版製作有限公司
印　　　刷／傳興彩色印刷有限公司
初版一刷／2020年12月

ＩＳＢＮ／978-986-5408-38-1
定　　　價／320元